1+X 职业技术·职业资格培训教材

茶艺师

第2版

（五级）

第2版

编写单位	上海市茶叶学会
修订人员	张小霖　卢祺义　刘钟瑞　高文娟　郭　勤　闻　芳
审　稿	周星娣

第1版

编写单位	上海市茶叶学会
主　编	刘启贵
副主编	周星娣
执行主编	张小霖
编　者	张小霖　卢祺义　刘钟瑞　高文娟　乔木森
主　审	刘修明

U0353800

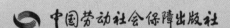
中国劳动社会保障出版社

图书在版编目（CIP）数据

　　茶艺师：五级／人力资源和社会保障部教材办公室等组织编写．—2版．
—北京：中国劳动社会保障出版社，2016

　　1+X职业技术·职业资格培训教材

　　ISBN 978-7-5167-2278-7

　　Ⅰ.①茶…　Ⅱ.①人…　Ⅲ.①茶叶－文化－职业培训－教材　Ⅳ.①TS971

　　中国版本图书馆CIP数据核字（2016）第033945号

中国劳动社会保障出版社出版发行

（北京市惠新东街 1 号　邮政编码：100029）

*

北京市白帆印务有限公司印刷装订　　　　新华书店经销

787 毫米 × 1092 毫米　16 开本　9.25 印张　150 千字

2016 年 2 月第 2 版　　2022 年 7 月第 8 次印刷

定价：36.00 元

读者服务部电话：（010）64929211/84209101/64921644

营销中心电话：（010）64962347

出版社网址：http://www.class.com.cn

内 容 简 介

　　本教材由人力资源和社会保障部教材办公室、中国就业培训技术指导中心上海分中心、上海市职业技能鉴定中心依据上海 1+X 茶艺师（五级）职业技能鉴定细目组织编写。教材从强化培养操作技能、掌握实用技术的角度出发，较好地体现了当前最新的实用知识与操作技术，对于提高从业人员基本素质，使其掌握茶艺师（五级）核心知识与技能有直接的帮助和指导作用。

　　本教材在编写中根据本职业的工作特点，以能力培养为根本出发点，采用模块化的编写方式。全书共分为 5 章，内容包括职业道德、茶学基础、茶文化的形成与发展、茶艺基础、茶馆服务。

　　本教材可作为茶艺师（五级）职业技能培训与鉴定考核教材，也可供全国中、高等职业技术院校相关专业师生参考使用，以及本职业从业人员培训使用。

改 版 说 明

　　《1+X 职业技术·职业资格培训教材——茶艺师（初级）》《1+X 职业技术·职业资格培训教材——茶艺师（中级）》《1+X 职业技术·职业资格培训教材——茶艺师（高级）》自 2008 年正式出版以来，受到广大读者的普遍好评，已经多次重印。全国，尤其是上海的中等职业学校、社会办学学校等茶艺师培训多采用此教材开设相关课程，一些社区茶艺师培训班，也将其用作培训教材或参考资料。2008 版茶艺师教材为上海乃至全国茶艺师培训做出了一定贡献。

　　八年来，我们在茶艺师教学实践中，收集和积累了一些新的内容和素材，同时，伴随着茶文化事业的不断发展，书中有些数据、图表和文字表述等均有不同程度更新修改的必要。为此，我们在广泛收集读者反馈意见和建议的基础上，依据上海 1+X 职业技能鉴定考核细目，结合这些年的教学实践，对书稿进行了全面改版。第 2 版教材涉及结构调整、资料更新、错误纠正、内容扩编等，其从强化培养操作技能、掌握一门实用技术的角度出发，较好地体现了本职业当前最新的实用知识和操作技能。

　　第 2 版教材编写由张小霖、卢祺义、刘钟瑞、高文娟、郭勤、闻芳共同完成；周星娣组织编写团队并统稿。姚建静参与了本书中部分图片的摄制，特此感谢！

　　虽经广泛收集和征求了读者的意见，但因时间仓促，不足之处在所难免，欢迎读者提出宝贵意见和建议，以便重印或修订时改正。

周星娣

2016 年 1 月

前言

　　职业培训制度的积极推进，尤其是职业资格证书制度的推行，为广大劳动者系统地学习相关职业的知识和技能，提高就业能力、工作能力和职业转换能力提供了可能，同时也为企业选择满足生产需要的合格劳动者提供了依据。

　　随着我国科学技术的飞速发展和产业结构的不断调整，各种新兴职业应运而生，传统职业也愈来愈多、愈来愈快地融进了各种新知识、新技术和新工艺。因此，加快培养合格的、适应现代化建设要求的高技能人才就显得尤为迫切。近年来，上海市在加快高技能人才建设方面进行了有益的探索，积累了丰富而宝贵的经验。为优化人力资源结构，加快高技能人才队伍建设，上海市人力资源和社会保障局在提升职业标准、完善技能鉴定方面做了积极的探索和尝试，推出了 1 + X 培训与鉴定模式。1 + X 中的 1 代表国家职业标准，X 是为适应经济发展的需要，对职业的部分知识和技能要求进行的扩充和更新。随着经济发展和技术进步，X 将不断被赋予新的内涵，不断得到深化和提升。

　　上海市 1 + X 培训与鉴定模式，得到了国家人力资源和社会保障部的支持和肯定。为配合 1 + X 培训与鉴定的需要，人力资源和社会保障部教材办公室、中国就业培训技术指导中心上海分中心、上海市职业技能鉴定中心联合组织有关方面的专家、技术人员共同编写了职业技术·职业资格培训系列教材。

　　职业技术·职业资格培训教材严格按照 1 + X 鉴定考核细目进行编写，教材内容充分反映了当前从事职业活动所需要的核心知识与技能，较好地体现了适用性、先进性与前瞻性。聘请编写 1 + X 鉴定考核细目的专家，以及相关行业的专家参与教材的编审工作，保证了教材内容的科学性及与鉴定考核细目以及题库的紧密衔接。

　　职业技术·职业资格培训教材突出了适应职业技能培训的特色，使读者通过学习与培训，不仅有助于通过鉴定考核，而且能够有针对性地进行系统学习，真正掌握本职业的核心技术与操作技能，从而实现从懂得了什么到会做什么的飞跃。

　　职业技术·职业资格培训教材立足于国家职业标准，也可为全国其他省市开展新职业、新技术职业培训和鉴定考核，以及高技能人才培养提供借鉴或参考。

　　新教材的编写是一项探索性工作，由于时间紧迫，不足之处在所难免，欢迎各使用单位及个人对教材提出宝贵意见和建议，以便教材修订时补充更正。

人力资源和社会保障部教材办公室

中国就业培训技术指导中心上海分中心

上海市职业技能鉴定中心

目录

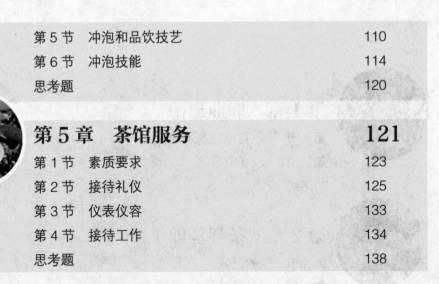

第1章
职业道德

● ● ● ● ● ● ●

引导语

职业道德是社会道德的重要组成部分。茶艺师的职业道德是社会主义道德基本原则在茶艺服务中的具体体现，也是评价茶艺从业人员职业行为的总准则。学习茶艺师的职业道德基本知识，并应用于实际的行为中，是每个茶艺师必须要努力的方向。

茶艺师的职业道德基本准则有其自身行业的具体内容。在培养茶艺师职业道德过程中，也有着与其他行业所不同的目标、要求和方法。这些内容和要求又具体应用在茶艺师的职业守则之中，主要作用就是调整好茶艺师与顾客之间的关系，使其树立起热情友好、信誉第一、忠于职守、文明礼貌、一切为顾客着想的服务思想和作风。

本章将介绍茶艺师职业道德的基本知识，包括基本准则及培养的途径和方法，以及茶艺师职业守则的具体内容和要求。

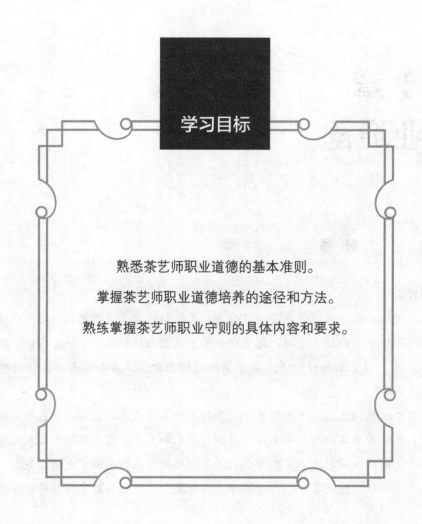

学习目标

熟悉茶艺师职业道德的基本准则。

掌握茶艺师职业道德培养的途径和方法。

熟练掌握茶艺师职业守则的具体内容和要求。

第 1 节 职业道德基本知识

所谓职业道德，是指从事一定职业的人们在工作和劳动过程中，所应遵循的与职业活动紧密联系的道德原则和规范的总和。职业道德是社会道德的重要组成部分，它作为一种社会规范，具有具体、明确、针对性强等特点。和一般道德一样，职业道德也是社会物质生活的产物。当社会出现职业分工时，职业道德也就开始萌芽了。人们在长期的职业实践中，逐步形成了职业观念、职业良心和职业自豪感等职业道德品质。

一、遵守职业道德的必要性和作用

1. 遵守职业道德有利于提高茶艺从业人员的道德素养和修养

茶艺从业人员个人良好的职业道德素养和修养是其整体素养和修养的组成部分。良好的职业道德素养和修养能激发茶艺从业人员的工作热情，增强责任感，使茶艺从业人员能努力钻研业务，热情待客，提高服务质量，即人们常说的"茶品即人品，人品即茶品"。

2. 遵守职业道德有利于形成茶艺行业良好的职业道德风尚

茶艺行业作为一种新兴行业，要树立良好的职业道德风尚，成为服务行业的典范，不可能在一朝一夕形成。它必须依靠加强茶艺从业人员的职业道德教育，使全体茶艺从业人员遵守职业道德来逐步形成。反之，如果茶艺从业人员不遵守职业道德，就会给茶艺行业良好的道德风尚造成不利影响。

3. 遵守职业道德有利于促进茶艺事业的发展

茶艺从业人员遵守职业道德不仅有利于提高茶艺从业人员的个人修养，形成茶艺行业良好的道德风尚，而且能提高茶艺从业人员的工作效率，从而促进茶艺事业的发展。茶艺从业人员的职业道德水平直接关系到茶艺从业人员的精神面貌和茶艺馆的形象，只有奋发向上、情绪饱满的精神风貌和良好的行业形象，才有可能被社会公众所认同，茶艺事业才有可能得到长足的发展。

二、职业道德的基本准则

茶艺师的职业道德在整个茶艺工作中具有重要的作用，它反映了道德在茶艺工作中的特殊内容和要求，不仅包括具体的职业道德水平，而且还包括反映职业道德本质特征的道德原则。只有在正确理解和把握职业道德原则的前提之下，才能加深对具体的职业道德水平的理解，才能自觉地按照职业道德的要求去做。

1. 职业道德原则是职业道德最根本的规范

原则，就是人们活动的根本准则；规范，就是人们言论、行为的标准。在职业道德体系中，包含着一系列职业道德规范，而职业道德原则就是这一系列道德规范中所体现出的最根本的、最具代表性的道德准则，是茶艺从业人员进行茶艺活动时，应该遵循的最根本的行为准则，是指导整个茶艺活动的总方针。

职业道德原则不仅是茶艺从业人员进行茶艺活动的根本指导准则，而且是对每个茶艺从业人员的职业行为进行职业评价的基本准则。同时，职业道德原则也是茶艺从业人员茶艺活动动机的体现。如果一个人从保证茶艺活动全局利益出发，而另一个人则仅从保证自己的利益出发，那么，虽然两人同样遵守了规章制度，但是贯穿于他们行动之中的动机（道德原则）不同，那么他们所体现的道德价值也是不一样的。

2. 热爱茶艺工作是茶艺行业职业道德的基本要求

热爱本职工作，是一切职业道德最基本的要求。茶艺师（见图1—1）热爱茶艺工作作为一项道德原则，首先是一个道德认识问题，如果对茶艺工作的性质、任务以及它的社会作用和道德价值等毫无了解，那就不可能对茶艺工作有真正的热爱。

茶艺是一门新兴的学科，同时它已成为一种行业，并承载着宣传茶文化的重任。茶是和平的象征，通过各种茶艺活动可以增强各国人民之间的相互了解和友谊。同时，开展民间性质的茶文化交流，可以实现社会和经济的双重效益。可见，茶艺事业在人们的经济文化生活中是一件大事。作为一项文化事业，茶艺事业能促进我国传统文化的发展，丰富人们的文化生活，满足人们的精神需求，其社会效益是显而易见的。

图1—1 茶艺师

茶艺事业的道德价值表现为：人们在品茶过程中得到了茶艺从业人员所提供的各种服务，不仅品尝了香茗，而且增长了茶艺知识，开阔了视野，陶冶了情操，净化了心灵，还可感受到中华民族悠久的历史和灿烂的茶文化。另外，茶艺从业人员在茶艺服务过程中处处为品茶的顾客着想，尊重他们，关心他们，做到主动、热情、耐心、周到，而且诚实守信、一视同仁，能充分体现人与人之间的新型关系。对于茶艺从业人员来说，只有真正了解和体会到这些，才能从内心激起热爱茶艺工作的道德情感。

3. 不断改善服务态度，进一步提高服务质量是茶艺行业职业道德的基本原则

尽心尽责地为品茶的顾客服务，不只是道德意识问题，更重要的是道德行为问题，也就是说必须要落实到服务态度和服务质量上。所谓服务态度，是指茶艺从业人员在接待品茶对象时所持的态度，一般包括心理状态、面目表情、形体动作、语言表达和服饰打扮等。所谓服务质量，是指茶艺从业人员在为品茶对象提供服务的过程中所应达到的要求，一般应包括服务的准备工作、品茗环境的布置、操作的技巧和工作效率等。

在茶艺服务中，服务态度和服务质量具有特别的重要意义。首先，茶艺服务是一种"面对面"的服务，茶艺从业人员与品茶对象间的感情交流和相互反应非常直接。其次，茶艺服务的对象是一些追求较高生活质量的人，他们在物质享受和精神享受上的要求比一般服务业的顾客要高，不是一般的日常生活要求，所以他们都特别需要人格的尊重和生活方面的关心、照料。再次，茶艺服务的产品往往是在提供的过程中就被顾客享用了，所以要求一次性达标。从茶艺服务的进一步发展来看，也要重视服务态度的改善和服务质量的提高，使茶艺从业人员不断增强自制力和职业敏感性，形成高尚的职业风格和良好的职业习惯。

三、培养职业道德的途径

1. 积极参加社会实践，做到理论联系实际

学习正确的理论并用它来指导实践是培养职业道德的根本途径。马克思主义伦理学认为，社会实践在道德修养过程中具有决定性的意义。刘少奇在《论共产党员的修养》一书中也指出："古代许多人的所谓修养，大都是唯心的、形式的、抽象的、脱离社会实践的东西。他们片面地夸大主观的作用，以为只要保持他们抽象的'善良之心'，就可以改变现实，改变社会和改变自己。这当然是虚妄的。我们不能这样去修养。我们是革命的唯物主义者，我们的修养不能脱离人民群众的革命实践。"

所以说道德修养必须做到理论联系实际。这要求茶艺从业人员要努力掌握马克思主义的立场、观点和方法，密切联系当前的社会实际、茶艺活动的实际和自己的思想实际，加强道德修养。只有在实践中时刻以职业道德规范来约束自己，才能逐步养成良好的职业道德品质。

2. 强化道德意识，提高道德修养

茶艺从业人员应该认识到其职业的崇高意义，时刻不忘自己的职责，并把它转化为高度的责任心和义务感，从而形成强大的动力，不断激励和鞭策自己干好各项工作。茶艺从业人员应该明白，良好的言行会给品茶的顾客送去温馨和快乐，而不良的言行会给他们带来不悦。所以，茶艺从业人员应时刻注意理智地调节自己的言行，不断促进自己心理品质的完美，使自己的言行符合职业道德规范。

3. 开展道德评价，检点自己的言行

正确开展道德评价既是形成良好风尚的精神力量，促使道德原则和规范转化为

道德品质的重要手段，又是进行道德修养的重要途径。道德评价可以说是道德领域里的批评与自我批评。正确开展批评与自我批评，既可以在茶艺从业人员之间进行相互的监督和帮助，又可以促进个人道德品质的提高。

对于茶艺从业人员的道德品质修养来说，自我批评尤为重要，这种修养方法从古到今都具有深刻的意义。

4. 努力做到"慎独"，提高精神境界

所谓"慎独"，就是在无人监督的条件下，具有自觉遵守道德规范、不做坏事的能力。茶艺从业人员在工作中除了为品茶的顾客提供服务外，还要出售茶叶、茶具，为顾客结账等，而每个人在工作时不可能总有人监督，因此要特别强调"慎独"。茶艺从业人员应自重自爱，时时刻刻按照职业道德基本准则严格要求自己，对工作尽职尽责，经过长期的锻炼，成为一个品德高尚的人。

第 2 节　职业守则

职业守则，是职业道德的基本要求在茶艺服务活动中的具体表现，也是职业道德基本准则的具体化和补充。因此，它既是每个茶艺从业人员在茶艺活动中必须遵循的行为规范，又是人们评判每个茶艺从业人员职业道德行为的标准。

一、热爱专业，忠于职守

热爱专业是职业守则的首要一条，只有对本职工作充满热爱，才能积极、主动、创造性地去工作。茶艺工作是经济活动的一个组成部分，做好茶艺工作，对促进茶文化的发展、市场的繁荣，以及满足消费、促进社会物质文明和精神文明的发展，乃至加强与世界各国人民的友谊等方面，都有着重要的现实意义。因此，茶艺从业人员要认识到茶艺工作的价值，热爱茶艺工作，了解本职业的岗位职责、要求，以较高的职业水平完成茶艺服务任务。

二、遵纪守法，文明经商

茶艺工作有它特殊的职业纪律要求。所谓职业纪律是指茶艺从业人员在茶艺服务活动中必须遵守的行为准则，它是正常进行茶艺服务活动和履行职业守则的保证。

职业纪律包括劳动、组织、财务等方面提出的要求。所以，茶艺从业人员在服务过程中要有服从意识，听从指挥和安排，使工作处于有序状态，并严格执行各项制度，如考勤制度、安全制度等，以确保工作成效。茶艺从业人员每天都会与钱打交道，因此要做到不侵占公物、公款，爱惜公共财物，维护集体利益。

此外，满足服务对象的需求是茶艺工作的最终目的。因此，茶艺从业人员要在维护顾客利益的基础上方便顾客、服务顾客，为顾客排忧解难，做到文明经商。

三、礼貌待客，热情服务

礼貌待客、热情服务（见图1—2）是茶艺工作最重要的业务要求和行为规范之一，也是茶艺职业道德的基本要求之一。它体现出茶艺从业人员对工作的积极态度和对他人的尊重，这也是做好茶艺工作的基本条件。

图1—2 茶艺师在为顾客泡茶

1. 文明用语，和气待客

文明用语是茶艺从业人员在接待顾客时需使用的一种礼貌语言。它是茶艺从业人员用来与顾客进行交流的重要交际工具，同时又具有体现礼貌和提供服务的双重特性。

文明用语是通过外在形式表现出来的，如说话的语气、表情、声调等。茶艺从业人员在与顾客交流时要语气平和、态度和蔼、热情友好，这一方面是来自茶艺从业人员内在的素质和敬业精神；另一方面需要茶艺从业人员在工作中不断训练自己。运用好语言这门艺术，不仅能正确表达茶艺从业人员的思想，而且能更好地服务顾客，从而提高服务的质量和效果。

2. 仪容整洁，仪态端庄

在与人交往的过程中，仪容、仪表常常是"第一印象"。待人接物，一举一动都会产生不同的效果。对于茶艺从业人员来说，整洁的仪容、仪表，端庄的仪态不仅是个人的修养问题，也是服务态度和服务质量的一部分，更是职业道德规范的重要内容和要求。茶艺从业人员在工作中精神饱满、全神贯注，会给顾客以认真负责、可以信赖的感觉，而整洁的仪容、仪表，端庄的仪态则会体现出对顾客的尊重和本行业的热爱，给顾客留下美好印象。

3. 尽心尽责，态度热情

茶艺从业人员尽心尽责就是要在茶艺服务中发挥主观能动性，用自己最大的努力尽到自己的职业责任，处处为顾客着想，使他们体验到标准化、程序化、制度化和规范化的茶艺服务。同时，茶艺从业人员要在实际工作中倾注极大的热情，耐心周到地把现代社会人与人之间平等、和谐的良好人际关系，通过茶艺服务传达给每一个顾客，使他们感受到服务的温馨。

四、真诚守信，一丝不苟

真诚守信、一丝不苟是做人的基本准则，也是一种社会公德。对茶艺从业人员来说也是一种态度，它的基本作用是树立自己的信誉，树立起值得他人信赖的道德形象。

一个茶艺馆，如果不重视茶品的质量，不注重为顾客服务，只是一味地追求经济利益，那么它将会失去信誉和市场竞争力；反之，则会赢得更多的顾客，在市场竞争中占据优势。

五、钻研业务，精益求精

钻研业务、精益求精是对茶艺从业人员在业务上的要求，如图1—3所示。要为顾客提供优质服务，使茶文化得到进一步发展，就必须有丰富的业务知识和高超的操作技能。因此，自觉钻研业务，力争精益求精就成了一种必然要求。如果只有做好茶艺工作的愿望而没有做好茶艺工作的技能，那也不能为顾客提供优质服务。

作为一名茶艺从业人员要主动、热情、耐心、周到地接待顾客，了解不同顾客的品饮习惯和特殊要求，熟练掌握不同茶品的沏泡方法。这与日常茶艺从业人员不断钻研业务，努力做到精益求精有很大的关系，它不仅要求茶艺从业人员要有正确的动机、良好的愿望和坚强的毅力，而且要有正确的途径和方法。学好茶艺的有关业务知识和操作技能有两条途径：一是要从书本中学习，二是要向他人学习，从而积累丰富的业务知识，提高技能水平，并在实践中加以检验。以科学的态度认真对待自己的职业实践，这样才能练就过硬的基本功，也就是茶艺的操作技能，才能更好地适应茶艺工作。

图1—3 钻研茶艺业务

思考题

1. 遵守职业道德的必要性和作用有哪些？

2. 为什么说职业道德原则是职业道德最根本的规范？

3. 为什么说热爱茶艺工作是茶艺行业职业道德的基本要求？

4. 职业纪律包括哪几方面的要求？

5. 为什么说文明用语具有体现礼貌和提供服务的双重特性？

6. 怎样在茶艺服务工作中做到"尽心尽责，态度热情"？

第2章
茶学基础

引导语

  我国是世界上最早利用茶、人工栽培茶树和加工茶叶的国家，世界各国最初所饮用的茶叶、引种的茶树、饮茶方法、茶树栽培及茶叶加工技术、茶事礼俗都是直接或间接从中国传播过去的。中国是茶树的原产地，是茶叶的故乡。

  要成为一名合格的茶艺师，首先应该了解茶的历史，了解中国对茶的利用发展所做的贡献，同时也必须熟悉茶叶生产的意义与基本知识。只有这样，才能通过茶艺更好地演绎出茶的精髓。

  本章主要通过介绍茶的起源、茶树栽培、茶叶分类等基本常识，使大家对茶有个基本的了解。

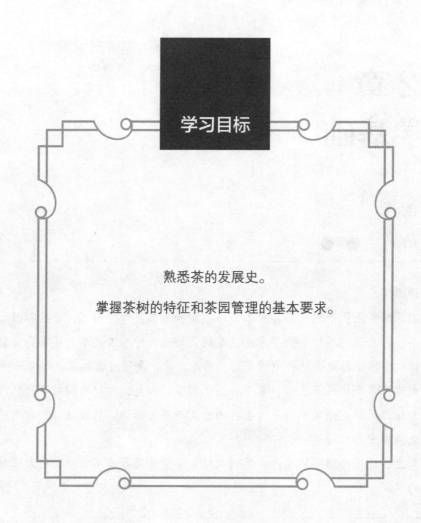

学习目标

熟悉茶的发展史。

掌握茶树的特征和茶园管理的基本要求。

第 1 节　茶的起源

我国是世界上最早发现茶树和利用茶的国家。在我国，传说茶是"发乎于神农，闻于鲁周公，兴于唐而盛于宋"。茶最初作为药用，后来发展成为饮料。

东汉时期的《神农本草》中记述了"神农尝百草，日遇七十二毒，得荼而解之"的传说，其中"荼"即"茶"，这是我国最早发现和利用茶的记载。这个流传广泛、影响深远的传说，告诉我们我国发现和利用茶已有数千年的历史。

唐代陆羽（公元733—804年）对唐代及唐代以前有关茶叶的科学知识和茶叶生产实践经验进行了系统的总结，撰写了世界上第一部茶业专著——《茶经》。

吴觉农（1897—1989年）1922年在《中华农学会报》上发表了《茶树原产地考》，以充分的证据批驳了以往世人的一些偏见，用大量的事实证明了茶树原产于中国。

一、野生大茶树

茶树原产于我国西南地区。早在三国时期（公元220—280年），我国就有关于在西南地区发现野生大茶树的记载。近几十年来，在我国西南地区不断地发现古老的野生大茶树。1961年在云南省的大黑山密林中（海拔1 500米）发现一棵高32.12米、树围2.9米的野生大茶树，这棵树单株存在，树龄约1 700年。1996年在云南镇沅县千家寨（海拔2 100米）的原始森林中，发现一株高25.5米、底部直径1.20米、树龄2 700年左右的野生大茶树。森林中直径30厘米以上的野生大茶树到处可见。

除野生型外，在云南帮崴发现一株树龄在1 000年左右的过渡型"茶树王"（见图2—1），

图2—1　帮崴古茶树

在云南勐海县南糯山发现树幅9.6米、树龄800多年的栽培型"茶树王"。这些都是人们从采摘野生茶树叶到有意识保护茶树，一直到人工栽培茶树的有力佐证。我国是世界上最早发现野生大茶树的国家，而且树体大，数量多，分布广，这些都是我国是茶树原产地的证明。

二、茶叶的加工利用

我国茶叶加工历史悠久。据史书记载，在周武王时期，巴蜀一带就以茶叶作为贡品。三国时期已用茶叶制茶饼，如图2—2所示。

图2—2 制茶饼

在制作技术上，开始生煮羹饮，继而晒干收藏。到了魏朝（公元220—265年）才制饼烘干，饮用时碾碎冲泡。在唐代，人们创造了蒸青技术，以后又进一步发展了炒青。宋朝至元朝先由蒸青团茶改为蒸青散茶，后又由蒸青散茶改进为炒青散茶。自明朝到清朝，从炒青绿茶发展到各种茶类。我国自古以来，劳动人民在制茶过程中，积累了丰富的经验，不断地改进和提高制茶技术，创造了丰富多彩的茶叶品种，这也是其他国家无法相比的。

三、茶的传播

茶在国内的传播，首先从四川传入陕西南部、甘肃和河南南部等地。自秦汉统一中国之后，饮茶之风在长江以南各地也逐渐普遍起来。隋统一后直到唐代，饮茶风气被普遍重视，并传到北方、西北和西藏各地。唐宋时代，茶叶已成为我国人民日常生活不可少的物品，产地很广。据《茶经》记载，全国有 6 个茶区，产茶省约十几个。到南宋时产茶已有 66 州，计 242 县。唐宋以后，江南各省、淮河流域、西南、华南地区就较普遍栽培茶树了。

茶向国外传播，最早是日本。公元 805 年，日本僧人最澄从中国带回茶籽儿在滋贺县种植。公元 828 年，中国茶种传到朝鲜（当时的高丽），1780 年印度引种中国茶种，1828 年印度尼西亚的华侨从中国引进茶种，以后又传播到斯里兰卡、非洲、南美等地。世界各产茶国在引进中国茶种的同时，也引进了茶叶加工技术及品饮方式。1610 年中国茶叶作为商品输往欧洲的荷兰和葡萄牙，1618 年输往俄国，1638 年输往英国，1674 年输往美国。

随着茶的传播，茶字的音、形、义也随之流传，世界各国对茶的称谓起源于中国。

第 2 节　茶与经济

一、茶是不可或缺的生活必需品

自从我国发现和利用茶到现在，经过几千年的历史演变，茶已成为我国的主要经济作物之一，它也是人们日常生活中不可缺少的生活资料，在我国国民经济中占有重要地位。

茶之所以受到人们的喜爱，因为饮茶不仅有益于人体健康，可防治多种疾病，而且饮茶可以修身养性，陶冶情操。我国民间有句俗语，即"开门七件事，柴米油盐酱醋茶"，客来敬茶是我国各族人民的传统习俗，可见茶在我国人民日常生活中的重要地位。随着国民经济的发展和人民生活水平的不断提高，人们对茶的需求量也在不断地增加。

我国边疆少数民族，更是离不开茶。由于气候等因素的影响，西北边疆地区缺少蔬菜、果品，而人们吃的又是富含脂肪及蛋白质的牛羊肉，需要饮茶以分解脂肪、帮助消化。同时，茶叶中含有多种维生素，饮茶可以预防因少食蔬菜、果品而缺乏维生素所引起的疾病，所以牧区的少数民族更是不可一日无茶。

二、茶的经济作用

茶是山区茶农经济收入的主要来源。新中国成立以来，在党和人民政府的关怀和重视下，积极扶持茶叶生产，我国的茶业得到恢复和发展。全国茶园的面积由1950年的254万亩，发展到1980年的1 561万亩。改革开放以后，茶业更是飞速发展，近几年茶园面积保持了高增长态势，2005年达到1 893万亩，2013年已达3 869万亩。茶叶产量也从1950年的6.52万吨，1980年的30.37万吨，提高至2005年的92万吨，2013年的189万吨。茶叶产值也迅速增长，2013年，全国干毛茶产值已超过1 100亿元。

我国茶区分布很广，从事茶业的人数众多，在重点产茶市县，如安徽祁门、湖南安化、福建安溪、湖北恩施、浙江嵊州市等，茶叶生产收入占全年总收入的一半左右，一般产茶县的茶叶生产收入也约占其全年总收入的三分之一。由此可见，搞好茶叶生产，对提高山区茶农的生活水平是非常重要的。

早在1 000多年前中国茶叶就运销国外，新中国成立初期到20世纪70年代，我国茶叶出口为国家创收了大量外汇，以购买国家所急需的物资，为支援国家经济建设做出了十分重大的贡献。但茶叶内销始终占主要地位，随着人民生活的不断改善，内销数量逐年大幅度增加。1950年内销仅0.3万吨，2005年已达63万吨。同时名优茶比重逐年增长。

三、茶区分布

我国茶区分布范围很广，主要分布在北纬 18°~38°、东经 94°~122° 的广阔范围内。从低山丘陵到海拔 2 600 米的高山，包括浙江、湖南、安徽等 20 个省市区的一千多个县市产茶。而各地的地形、土壤、气候等存在着明显的差异，这些差异对茶树生长发育和茶叶生产影响极大。在不同地区，生长着不同类型、不同品种的茶树，从而决定了不同的茶叶品质。

目前，我国茶区大致分为 4 个，即华南茶区、西南茶区、江南茶区、江北茶区，如图 2—3 所示。

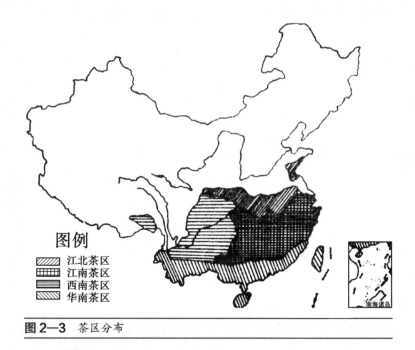

图例
- 江北茶区
- 江南茶区
- 西南茶区
- 华南茶区

图2—3 茶区分布

1. 华南茶区

华南茶区是我国最南部的茶区，属于茶树生态最适宜区，包括福建省东南部、广东省中南部、广西壮族自治区南部、云南省南部及台湾省。该茶区水热资源丰沛，茶树品种资源丰富，土层深厚，肥力高。该区以生产红茶、普洱茶、乌龙茶为主。该茶区气温较高，特别是海南和台湾，近热带气候，受海洋气候影响，各季气温变化不大，茶树一年四季均可生长。

华南茶区的大叶种红碎茶驰名中外，云南南部的普洱茶是国内外畅销的抢手货，闽南和台湾的乌龙茶在国内外享有盛誉，广西横县已成为我国茉莉花茶的主要产地。

2. 西南茶区

西南茶区位于我国西南部，属于茶树生态适宜区，是我国最古老的茶区，包括贵州省、重庆市、四川省、云南省中北部以及西藏自治区东南部。该区地形错综复杂，土壤有机质含量较丰富，气候温和较平稳，水热条件较好。特别是云南茶区，冬不寒、夏不热，极宜茶树生长。该茶区适产绿茶、边销茶、红茶、沱茶、花茶等。

该茶区的名茶有滇红、普洱茶、蒙顶茶、都匀毛尖等。

3. 江南茶区

江南茶区是我国茶叶的主产区，属于茶树生态适宜区。其地理范围，北起长江，南到南岭，东邻东海，西连云贵高原，包括广东省北部、广西壮族自治区北部、福建省中北部、安徽省、江苏省、湖北省南部以及湖南、江西、浙江等地区。

该地区季节均匀，四季分明，气温宜于茶树生长，并有充足的降雨季节。该区茶园大多处于丘陵低山地区，也有海拔在 1 000 米的高山。高山茶园土壤土层深厚、土质较肥沃，而低丘茶园土层较薄，土壤结构稍差。江南茶区适宜生产绿茶、青茶、花茶和名特茶，也生产红茶、砖茶。

该茶区名茶较多，有西湖龙井、黄山毛峰、洞庭碧螺春、顾渚紫笋、祁门红茶、安化黑茶等。

4. 江北茶区

江北茶区位于长江中下游的北部，是我国最北的茶区，属于茶树生态次适宜区，包括甘肃、陕南、鄂北、豫南、皖北、苏北、鲁东等部分地区。该地区地形较复杂，与其他茶区相比，气温较低，降水量较少，茶树新梢生长期短。该地区土质黏重，肥力欠高，但有些山区土层深厚、有机质含量高，种茶品质较优异。该茶区适宜生产绿茶。

该茶区所产名茶有信阳毛尖、六安瓜片等。

第 3 节 茶树栽培

一、茶树的特征

茶树属于山茶科，茶属。茶树由茎、芽、叶、花、果实、种子和根等几个部分组成。

1. 茎（枝干）

茶树的茎部即茶树的地上部分，根据分枝性状的差异，植株形态分为乔木型、半乔木型和灌木型三种，见表 2—1。

表 2—1 茶树按植株形态分类

类别	特征
乔木型	茶树树势高大，主干明显，顶端优势强，分枝部位高，分枝较稀疏，枝条大多直接由主干分枝而出。中国西南分布较多，在云南、贵州、四川等地发现的野生大茶树，一般树高 10 米以上，主干直径一般在 1 米以上
半乔木型	半乔木型茶树有较明显的主干。主干和分枝容易区别，但分枝部位离地面较近，植株高度中等。云南大叶种茶树属此类
灌木型	灌木型茶树树冠低矮，无明显主干，从根茎部分枝，各枝条粗细大体相同。顶端优势弱，分枝能力强，枝条稠密。幼树虽有主干，但随树龄增长，分枝不断增多、加粗，主干与分枝差别便不明显。生产上栽培的茶树多属此类

2. 芽

茶树上的芽依性质可分营养芽和花芽。营养芽是枝叶的原始体（见图 2—4），发育即成枝叶，是茶树生长发育的基础；花芽发育成花。营养芽依其生长部位的不同，分定芽和不定芽两种。定芽生于枝顶（顶芽）及叶腋处（腋芽），顶芽较腋芽粗大，活动能力强。不定芽生于枝的节间或根茎处，当枝干遭受机械损伤时，不定芽能萌发成新枝。

根据芽萌发时间不同，茶芽又可分为冬芽、春芽和夏芽。冬芽较粗大，在秋冬季形成，次年春季生长发育；春芽在春季形成，夏季发育生长；夏芽在夏季形成，秋季发育生长。

3. 叶

茶树的叶子属不完全叶，只有叶柄和叶片，没有托叶，为单叶互生。叶形一般为椭圆形或长椭圆形，叶面积的大小因品种、季节、树龄、地区及栽培技术措施等不同而有很大差异。叶尖形状常为茶树分类的重要依据之一。茶叶为网状脉，有明显的主脉，沿主脉分出侧脉，侧脉数多为10～15对，侧脉伸展至叶缘2/3的部位向上方弯曲呈弧形，与上方侧脉相连接，这是茶树叶片的特征之一。侧脉分出细脉，构成网状脉。茶叶的边缘有锯齿，锯齿数一般为16～32对。

图2—4　茶树营养芽

茶树上同一时期内有老叶和新叶之分，新生的嫩叶是制茶的原料，栽培茶树的目的是采收其幼嫩的芽叶。一般嫩叶叶面有光泽，叶色浅绿，叶质较柔软。芽及嫩叶的背面密生茸毛，随着叶的成熟茸毛逐渐减少。

4. 花

茶树的花是茶树的有性繁殖器官（见图2—5），由花芽发育而成。因一朵茶花内具备雌蕊和雄蕊，所以是两性花，它主要靠昆虫授粉，故又是虫媒花。花芽约于6月中旬开始形成，花芽外形较营养芽粗短，茶树的盛花期在每年的秋季。花一般为白色，少数呈

图2—5　茶花

淡红色，微有芳香。

5. 果实和种子

从花芽形成到种子成熟，在中部茶区需一年半左右的时间，而且在 6—12 月，一方面当年的茶花孕蕾开花，另一方面上年的种子开始成熟，此时在同一株茶树上两年的花与果实并存，这是茶树的特征之一。

茶树的果实为蒴果，外表光滑。果实通常有三室果、双室果和单室果等。一般一果一粒的略呈圆形，两粒的近长椭圆形，三粒的近三角形，四粒的近方形，五粒的近梅花形。果壳未成熟时为绿色，成熟后为棕绿或绿褐色，充分成熟时果壳室背开裂，种子自行脱落于地上。

6. 根

茶树系深根植物，其根部由主根、侧根和细根组成。根的主要功能是固定茶树于土壤中，吸收生活必需的水和无机盐，储藏生命活动所形成的营养物质。土质肥沃、耕作深而精细时，根系分布深而广，地上部分也生长良好。

茶树的主根长度大都可达 70~80 厘米，根幅与树冠的关系随树龄的不同而不同，一般幼年茶树的树冠与根幅相对称，青年及壮年茶树，根幅比树冠要大，有些老年茶树，其根幅比树冠小。

二、茶树生育的基本规律

茶树是多年生常绿木本植物。茶树既有一生的总发育周期，又有它一年中生长发育的年发育周期。

按照茶树的生育特点，可把茶树划分为四个生物学年龄时期，即幼苗期、幼年期、成年期和衰老期。

1. 幼苗期

茶树幼苗期就是从茶籽萌发到茶苗出土，第一次生长休止时为止。幼苗期生长发育所需要的养分，主要是依靠种子中储藏的养分。幼弱的茶苗很容易受环境条件的影响。

2. 幼年期

茶树幼年期一般是指从第一次生长休止到第一次开花可以投产这一时期。时间为 2~3 年。时间的长短与栽培管理水平、自然条件有着密切的关系。

3. 成年期

成年期是指茶树开花开始到第一次进行更新改造时为止。这一时期时间较长，大约经过三十多年甚至四五十年的时间，管理条件越好的，时间越长。成年期是茶树生育最旺盛的时期，也是生产量最高峰的时期。这一时期加强栽培管理，就是要使茶树保持旺盛的树势，以达到高产优质的目的。

4. 衰老期

衰老期是指茶树从第一次更新开始到整个茶树死亡为止。这一时期的长短，视品种、管理水平和环境条件的差异而不同，一般可达百年以上。

三、茶树与环境的关系

在不同的环境中，茶树的形态、结构、生理、生化等特性是不一样的，茶叶的产量和质量也就有差异。茶树喜欢温暖、湿润的气候和肥沃的酸性土壤，耐阴性较强，不喜阳光直射。

1. 气温

一年中茶树的生长期是由温度条件决定的，最适宜茶树生长的温度是20～30℃，气温在-10℃以下时，茶树会受到严重的冻害，但气温如长时间持续保持35℃以上的高温时，茶树新梢就会出现枯萎和叶片脱落的现象。

在我国大部分茶区，影响春茶芽叶生长的主要因素是温度条件，茶芽的萌发迟早与温度有极大的关系，一般日平均气温在10℃左右，芽开始萌发；14～16℃时，茶芽开始伸长，叶片展开；17～25℃时新梢生长旺盛。

受气温的影响，江北茶区生产季节较短；江南茶区一般一年采三季茶，春茶产量最高、质量最好，夏茶质量稍差，秋茶产量较低；西南茶区采茶较早；华南茶区的海南、台湾等地几乎一年四季都可采茶。

2. 水分

在茶树的生长期中，一般夏季需水量最多，春秋两季次之，冬季最少，如果不能满足这一水量需求规律，不仅茶树的生长受到限制，而且还会影响茶叶的产量和品质。年降水量在1 500毫米左右时最适宜茶树生长。在空气和土壤中水分不足的情况下，茶树的芽叶和枝条的生长停滞，叶片易硬化粗老。空气湿度高不仅新梢叶片大，节间长，产量较高，而且新梢持嫩性强，内含物丰富，叶质柔软，茶叶品质好。

我国一些名茶，如黄山毛峰、庐山云雾、狮峰龙井、君山银针、洞庭碧螺春等，其产地或是高山，终年云雾缭绕；或近江河湖泽，水气交融，空气湿度都很大，这些茶叶的品质都极佳。

3. 土壤

茶树为深根植物，要求土壤的土层深厚、土质疏松、排水和通气较好。茶树是喜酸性土壤的植物，适宜茶树生长的土壤 pH 值为 4.5 ~ 6.5。土壤中的养分是土壤肥力的主要因素，是茶树生长发育的必需条件。含腐殖质较高的沙质土壤中生长的茶树采下的鲜叶，制出的茶香气和滋味均良好。

陆羽在《茶经》中写道"其地，上者生烂石，中者生砾壤，下者生黄土"，说明了茶树生长与土壤条件的关系，人们在长期的生产实践中，总结出了利用和改善土壤的经验，使茶叶的产量和品质不断提高。

四、茶树繁殖

茶树繁殖分有性繁殖与无性繁殖两种方法：有性繁殖是利用种子进行播种的，也叫种子繁殖；无性繁殖也称营养繁殖，是利用茶树的根、茎等营养器官，在人工创造的适当条件下，利用扦插、压条等，使之形成一株新的茶苗。

有性繁殖方法有两种：一是苗圃育苗，二是茶园直播。苗圃育苗便于苗期管理和培育出优良的苗木，茶园直播就是将经催芽处理后的茶籽，采用条式穴播的方法，直接播种在新辟茶园内。

茶树无性繁殖一般采用扦插繁殖的方法，苗木能保持母树的特征和特性，苗木的性状比较一致，有利于茶园管理和扩大良种的数量。

目前，在茶叶生产实践中多以无性繁殖为主。在一些茶叶科学研究机构和大型企业中已经应用工厂化育苗技术，提高茶树年繁殖系数，降低育苗时间和成本，提高茶苗合格率，具有较好的经济效益和环保效应。

五、茶园管理

茶园管理是茶叶生长过程中必不可少的工序，直接关系到茶叶的产量和茶叶的品质。茶园管理包括耕锄、施肥、病虫害防治、茶树修剪等工作。

1. 茶园耕锄

茶园耕锄可消除杂草、改良土壤结构、杀虫灭菌等。茶园耕锄大致分春、夏、秋3次。春夏进行浅耕，深度约为10厘米；秋季进行深耕，深度为20~30厘米。

2. 茶园施肥

茶园施肥是茶园管理中重要的一环，人们每年要从茶树上多次采摘大批鲜叶，营养消耗多，这就需要不断地给茶树补充养料；否则会导致茶树树势衰退，影响茶叶的产量和品质。茶园施肥的原则：以有机肥料为主，有机肥和化肥相结合施用；以氮肥为主，磷、钾肥料相配合；在秋末冬初结合深耕施基肥（施有机肥料），在采摘季节追肥（施化肥），如图2—6所示。

图2—6 茶园耕翻施肥

3. 病虫害防治

茶树长寿、常绿、采摘期长，在栽培过程中病虫种类较多，而茶叶是不经洗涤而直接加工的饮用作物，因此在病虫防治中，提倡保护、利用天敌以抑制病虫害的发生蔓延，同时大力开展生物防治，化学防治则选用低毒高效类农药。

4. 茶树修剪

茶树修剪是培养茶树高产优质树冠的一项重要措施，合理修剪不仅能提高茶叶产量，增进茶叶品质，而且使得树冠适应机械化采茶作业，从而提高劳动生产率。修剪的方法有定型修剪、浅修剪、深修剪、重修剪、台刈等。

六、茶叶采摘

从茶树新梢上采摘芽叶，制成各种成品茶，这是茶树栽培的最终目的。鲜叶采摘在某种程度上决定着茶叶产量和成品茶的品质。

新梢在萌发生长过程中，随着外界条件的变化，品种不同，芽叶的变化很大，并不像粮食作物，或瓜果类的果实，成熟时便可收获。在茶树新梢上采收芽叶，没有固定的标准。根据不同茶类对原料的要求，运用合理的采摘制度，因地、因时制宜进行合理采摘，就显得尤为重要。

1. 合理采摘

合理采茶是实现茶叶高产优质的重要措施。由于我国制茶种类很多，制法各异，对鲜叶的要求也各不相同，因而形成不同的采摘标准和采摘方法。总的来说，合理采茶大体可分为以下四个方面：

（1）标准采

1）细嫩的标准。名优茶类，品质优异，经济价值高，因此对鲜叶的嫩度和匀度均要求较高，很多只采初萌的壮芽或初展的一芽一叶，这种细嫩的采摘标准，产量低、劳力消耗大、季节性强，多在春茶前期采摘。

2）适中的标准。我国的内、外销红绿茶是茶叶生产的主要茶类，其对鲜叶原料的嫩度要求适中，采一芽二三叶（见图2—7）和同等幼嫩的对夹叶，这是较适中的采摘标准，全年采摘次数多，采摘期长，量质兼顾，经济收益较高。

3）偏老的标准。它是我国传统的特种茶类的采摘标准（如乌龙茶的采摘标准），是待新梢发育将成熟，顶芽开展度八成左右时，采下带驻芽的三四片嫩叶。这种偏老的采摘

图2—7 鲜叶

标准，全年采摘批次不多，产量中等，产值较高。

4）粗老的标准。黑茶、砖茶等边销茶类对鲜叶的嫩度要求较低，待新梢充分成熟后，新梢基部呈红棕色已木质化时，才刈下新梢基部一二叶以上的全部新梢，这种较粗老的采摘标准全年只能采一二批，产量虽较高，但产值较低。

（2）适时采。根据新梢芽叶生长情况和采摘标准，及时、分批地把芽叶采摘下来。

（3）分批多次采。分批多次采是贯彻合理及时采的具体措施，是提高茶叶品质和产量的重要一环。根据茶树茶芽发育不一致的特点，先达到标准的先采，未达到标准的待茶芽生长达到标准时再采，这样对提高鲜叶产量和茶树生长都是有利的。

（4）留叶采。既要采也要留，留叶是为了多采，采叶必须考虑到留叶。实行留叶采，可使茶树生长健壮，不断扩大采摘面，是稳定并提高产量和质量的有效措施。

2. 采摘方法

茶叶采摘方法有手工采和机采（见图2—8）两种。目前，我国还是以手工采为主，手工采的手法对茶树的生长和成品茶的品质影响很大。

图2—8 机采

七、鲜叶的装运、验收与存放

鲜叶自茶树上采下后,内部即开始发生理化变化。为了使鲜叶保持新鲜,不致引起劣变,必须合理而及时地将鲜叶按级分别盛装,运送到茶叶加工厂。在装运时,鲜叶不能装压过紧,以免叶温升高劣变,因此不能用不通风的布袋或塑料袋盛装,要用竹篾编制的有小孔通气的竹箩盛装,将鲜叶松散地装入箩内,不能紧压,同时装运工具要保持清洁,不能有异味,并应尽量缩短运送时间,做到采下鲜叶随装随运。

鲜叶运送到茶叶加工厂后,要及时验收,分级摊放。摊放鲜叶的场所,应阴凉、清洁、空气流通。鲜叶摊放的厚度,春茶以 15~20 厘米、夏秋茶以 10~15 厘米为宜,并随时检查叶温,适当进行翻拌。翻拌时动作要轻,以免鲜叶受伤变红。

第 4 节　茶叶分类

我国茶叶分类方法,有的以产地分,有的以采茶季节分,有的以制造方法分,有的以销路分,有的以品质分。现在对茶叶的分类,基本上是以加工工艺和产品特性为主,分为基本茶类和再加工茶类。

一、基本茶类

各种茶叶品质不同,制法也不同。人们把从鲜叶经过加工制成的成品茶称为基本茶类。基本茶类包括绿茶类、红茶类、乌龙(青)茶类、黄茶类、白茶类和黑茶类六大茶类。

1. 绿茶类

绿茶(见图 2—9)是我国产量最多的一类茶叶。绿茶由于加工方法的不同又分为以下四类，其加工方法和代表品种见表 2—2。

图 2—9　绿茶

表 2—2　各种绿茶的加工方法和代表品种

分类	加工方法	代表品种
（1）炒青	利用高温锅炒杀青和锅炒干燥制成的绿茶	如龙井茶、碧螺春、炒青茶等
（2）烘青	用烘干机具等采用热风烘干制成的绿茶	如黄山毛峰、太平猴魁、庐山云雾等
（3）晒青	干燥方式采用日光晒干的绿茶	如滇青、陕青、川青等
（4）蒸青	采用蒸汽杀青方式制成的绿茶	如玉露、煎茶等

2. 红茶类

红茶（见图 2—10）根据其制作方法的不同，可分为以下三种，其特点和代表品种见表 2—3。

图 2—10 工夫红茶

表 2—3　各种红茶的特点和代表品种

分类	特点	代表品种
小种红茶	福建省特有的一种红茶，具有特殊的松烟香	产于福建崇安县星村乡桐木关的"正山小种"，以及其毗邻地区生产的"外山小种"
工夫红茶	由小种红茶发展演变而产生	主要有祁红工夫、滇红工夫、闽红工夫等
红碎茶	目前世界上消费量最大的茶类，主要分为叶茶、碎茶、片茶和末茶等花色	如立顿红茶

3. 乌龙（青）茶类

乌龙茶（见图2—11）是我国特产，主产于福建、广东、台湾等地。乌龙茶的种类，因茶树品种的不同而形成各自独特的风味，产地不同，品质差异也十分显著，主要分为四类，其产地和代表品种见表2—4。

图2—11 乌龙茶（凤凰单丛）

表2—4 乌龙茶分类

分类	产地	代表品种
闽北乌龙茶	出产于福建省北部武夷山一带	武夷岩茶，主要品种有水仙、大红袍、铁罗汉、白鸡冠、水金龟等
闽南乌龙茶	产于福建南部	安溪铁观音、黄金桂、毛蟹、本山等
广东乌龙茶	广东省潮州地区	凤凰单丛和岭头单丛等
台湾乌龙茶	产区分布在台湾台北、新竹、南投等县	冻顶乌龙、文山包种等

4. 黄茶类

黄茶（见图 2—12）制作基本工艺流程近似绿茶。黄茶依原料芽叶的嫩度和大小可分为黄芽茶，如君山银针、霍山黄芽、蒙顶黄芽、莫干黄芽；黄小茶，如北港毛尖、平阳黄汤；黄大茶，如霍山黄大茶、广东大叶青等。

图 2—12 莫干黄芽

5. 白茶类

白茶（见图 2—13）主产于福建省，成茶外表披满白色茸毛，呈白色隐绿，故名白茶。品种有白毫银针、白牡丹、贡眉和寿眉等。

图 2—13 白毫银针

6. 黑茶类

黑茶（见图2—14）成茶外形叶色油黑或黑褐，是压制各种紧压茶的主要原料。因产区和工艺上的差别有湖南黑茶、湖北老青茶、四川边茶、滇桂黑茶和云南普洱茶之分。

二、再加工茶类

用基本茶类中的茶为原料，进行再加工以后的产品，统称再加工茶类，主要包括花茶、紧压茶、萃取茶、果味茶、药用保健茶和含茶饮料等。

图2—14 普洱茶砖

1. 花茶

花茶主要是用绿茶中的烘青绿茶和香花窨制而成，主产于广西横县、福建福州、浙江金华、安徽歙县、四川成都、江苏苏州等地。品种有茉莉花茶、白兰花茶、珠兰花茶、玳玳花茶、玫瑰花茶、柚子花茶等。

2. 紧压茶

紧压茶是以已制成的红茶、绿茶、黑茶的毛茶为原料，经过再加工蒸压成型而制成。我国目前生产的紧压茶主要有沱茶、米砖、老青砖、六堡茶、饼茶等。

3. 萃取茶

以成品茶或半成品为原料，用热水萃取茶叶中的可溶物，过滤后获得的茶汁，制备成固体或液态茶。主要有罐装饮料茶、浓缩茶及速溶茶。

4. 果味茶、香料茶

茶叶半成品或成品加入果汁后制成的各种果味茶，既有茶味，又有果香味。

5. 药用保健茶

用茶叶和某些中草药或食品拼和调配后制成的各种保健茶，使本来就有营养保健作用的茶叶，更加强了其某些防病治病的功效。

6. 含茶饮料

在饮料中添加各种茶汁而形成新型饮料，如茶可乐、茶叶汽水和茶酒等。

第 5 节　茶叶的保管

茶叶从生产、运输、销售（包括出口），一直到家庭用茶，都得经过储藏与保管过程。茶叶储藏与保管是茶叶生产和销售以及消费过程中不可缺少的重要环节。作为一个茶业从业人员，既要会看茶、泡茶，也要懂得如何保管茶叶。

一、茶叶特性与环境条件的关系

茶叶具有很强的吸湿性、氧化性和吸收异味的特性，这与茶叶本身组织结构和含有某些化学成分有密切的关系。

1. 吸湿性

茶叶是疏松多毛细管的结构体，在茶叶的表面到内部有许多不同直径的大小毛细管，同时茶叶中还含有大量亲水性的物质如糖类、多酚类、蛋白质、果胶物质等。因此，茶叶就会随着空气中湿度增高而吸湿，增加茶叶水分含量。经实验：珍眉二级茶暴露在相对湿度在 90% 以上的条件下，过 2 小时后，茶叶水分由 5.9% 增加到 8.2%。短短 2 小时，茶叶水分含量增加了 2.3%，可见，茶叶吸湿性极强。

2. 氧化性

氧化俗称陈化。在储藏过程中茶多酚的非酶氧化（即自动氧化）仍在继续，这种氧化作用虽然不像酶性氧化那样激烈和迅速，但时间长了变化还是很显著的。其氧化不但使汤色加深，而且失去了滋味的鲜爽度。尤其是茶叶含水量高，在储藏环境温度高的条件下就更加快了茶叶的氧化。

3. 吸收异味性

由于茶叶是疏松多毛细管的结构体，且含萜烯类和棕榈酸等物质，具有吸附异味（包括花香）的特性。茶叶在储存或运输过程中，必须严禁与一切有异味的商品（如肥皂、化妆品、药材、烟叶、化工原料等）存放在一起。使用的包装材料或运输工具等都要注意干燥、卫生、无异味；否则，茶叶沾染了异味，轻则影响了茶叶香气和滋味，重则会失去茶叶饮用价值而造成经济损失。

二、影响茶叶品质变化的环境条件

1. 温度

温度是茶叶品质变化的主要因素之一，温度越高，变化越快。以绿茶的变化为例，实验结果表明，在一定范围内，温度每升高10℃，褐变速度要增加3~5倍。这主要是茶叶中的叶绿素在热和光的作用下容易分解。同时，也加速了茶叶氧化。因此，茶叶最好采用冷藏的方法，能有效地防止茶叶品质变化。

2. 湿度

湿度是促使茶叶含水量增加的主要原因，水分增加可提高茶叶的氧化速度，而导致茶叶水浸出物、茶多酚、叶绿素含量降低，红茶中的茶黄素、茶红素也随之下降，严重的会引起茶叶霉变。所以茶叶在储存运输过程中必须重视加强防潮措施。

3. 氧气

空气中约含20%的氧气，氧几乎能和所有物质起作用而形成氧化物。茶叶中的茶多酚、抗坏血酸、酯类、醛类、酮类等在自动氧化作用下，都会产生不良后果。目前，茶叶试用抽气冲氮包装，其目的就是使茶叶杜绝与氧气接触，防止有效物质自动氧化。用抽气充氮包装，对保持茶叶品质效果很好。

4. 光

光也是促使茶品质变化的因素之一。特别是在紫外线的光照作用下，能使茶叶中的戊醛、丙醛、戊烯醇等物质发生光化反应，产生一种异味（即日晒气味）。所以在其储藏或运输过程中要防止日晒；所用包装材料也应选用密封性能好，并能防止阳光透射的材料。

综上所述，可以看出茶叶品质的变化，受温度、湿度、光线和氧气等多项因素的影响，尤其在高温、高湿条件下，茶叶品质的劣变速度最快、最剧烈。

三、茶叶包装

茶叶包装是保护茶叶品质的第一个环节，对包装的要求既要便于运输、装卸和仓储，又要能起到美化商品和宣传商品的作用。由于茶叶具有吸湿、氧化和吸收异味的特性，决定了茶叶包装的特殊要求，出口茶叶对包装有专项标准规定，如不符合包装规定，同样作为不合格产品，不得放行出口，说明茶叶包装的重要性。

1. 茶叶包装种类

茶叶包装种类很多，名称不一，从销路上分有内销茶包装、边销茶包装和外销茶包装；从个体上分有小包装、大包装；从包装的组成部分上分有内包装、外包装；从技术上分有真空包装、无菌包装、除氧包装等。但从总体上看，一般有运输包装和销售包装两类。

运输包装俗称为大包装，即在茶叶储运中常用的包装。销售包装俗称为小包装，是一种与消费者直接见面的包装，要求携带方便，既能保护茶叶品质又美观大方，且对促销有利。

2. 茶叶包装要求

针对茶叶的特性，茶叶包装必须符合牢固、防潮、卫生、整洁、美观的要求。牢固是包装容器的基本要求，目的是在储运中不受破损而致使茶叶变质。防潮是茶叶包装所必须采取的措施，防潮材料目前常用的有铝箔牛皮纸、复合薄膜、涂塑牛皮纸、塑料袋等。塑料袋是一种价廉、无气味的透明包装材料，有一定的防潮性能，但防异味性能较差。

茶叶包装所需用材料必须干燥、无异味。大包装和小包装装入茶叶后还需要做好封口工作，并存放在干燥、无异味、密闭的包装容器内。

四、茶叶储藏与保管的条件

茶叶保存期限的长短，与包装储藏条件有很大关系，储藏包装条件越好，保存期限越长；反之就短。茶叶储藏有常温储藏、低温冷藏以及家庭用茶储藏与保管等。

1. 常温储藏

茶叶的大宗产品，多数是储存在常温下的仓库之内，称为常温储藏。仓库内要清洁卫生、干燥、阴凉、避光，并备有垫仓板和温、湿度计及排湿装置。茶叶应专库储存，不得与其他物品混存、混放。

2. 低温冷藏

低温冷藏储存称为冷藏，一般是将茶叶储藏在 0 ~ 10℃范围内。茶叶在冷藏条件下，品质变化较慢，其色、香、味可保持新茶水平，是储藏茶叶比较理想的方法。目前，很多茶叶销售部门、茶楼、茶馆和家庭已采用这种方法。采用冷柜或冰箱储存茶叶，首先茶叶应盛装在一个密闭的包装容器内，其次不能与其他有异味的物品存放一起。

3. 家庭用茶储藏与保管

在家庭里为了保持茶叶的新鲜度，除采用冰箱储藏外，还有如下几种方法：瓷（陶）坛（见图2—15）储茶法，瓷（陶）坛内可放入成块的生石灰或烘干硅胶；罐装法，将茶叶装入茶罐，然后放入1～2包除氧剂，加盖，用胶带密封保存；塑料袋储藏法，用塑料袋存放茶叶，是当今最普遍、最通用的一种方法，但不宜较长时间储藏，因为塑料这类包装材料防异味性能较差，另外塑料袋易被茶叶戳穿而产生砂眼（孔、洞），影响防潮性能。要想使茶叶储藏时间长一些，必须再用防潮性能好的包装材料（铝箔牛皮纸）包扎一层后存放。

图2—15 陶坛

不同的茶类要采取不同的储藏方法。绿茶类特别注重冷藏，以防止产生氧化，但不能久藏；否则色、香、味都会发生变化。红茶类可以不冷藏，黑茶类则要保持一定的通气条件以利后续转化。岩茶经储藏退火，可以获得更好的风味。普洱茶需经一定时间的存放，才能获得更适宜的陈韵。但无论什么茶，保存期间必须防潮、防尘、防污染，只有在限定的水分内才能保持茶叶质量。

思考题

1. 如何说明我国是世界上最早利用茶的国家？

2. 我国现有哪几个茶区？各有什么特点？

3. 茶树生长需要怎样的环境？

4. 茶园管理包括哪些内容？

5. 茶叶分为哪几类？各有什么特点？

6. 茶叶保管需注意什么？

第 3 章
茶文化的形成与发展

● ● ● ● ● ●

引导语

只有天然的茶树，并不产生茶文化。只有当人类食用茶叶并经过一定历史阶段之后，才逐步产生文化现象，因而才有茶文化。茶在人们的应用过程中，经历了药用、食用和饮用三个阶段。在中国人漫长的饮茶历史过程中，饮茶逐渐与人的精神生活相联系，并逐渐形成了完整的文化体系。可以说，茶的发现是中华民族对全人类的一个伟大贡献，它不仅为人们提供了一种健康和滋味丰富的饮料，也成为人们美化生活、感悟生命和修身养性的一种美好方式。

茶艺师的能力，不仅在于对茶的理解有感性的认识，还在于对其有着深刻的理性认识，也就是对茶文化的历史演变及其文化和精神内涵有充分的了解。只有这样，才能更好地学习、把握各种茶艺的技能。因此，学习本章的有关知识，对于初学茶艺者是非常必要的。

本章属中国茶文化基础知识，主要简述中国茶文化的基本特征及形成和发展的过程；还结合上海茶文化的发展，从上海茶文化的历史资源、现代茶文化的兴盛及其主要特点等方面加以阐述。

学习目标

熟悉茶文化的基本含义、特征及形成和发展的过程。

掌握茶文化在不同历史时期的主要特征及上海茶文化的主要特点。

第 1 节　茶文化概述

一、基本含义

1. 文化

文化有广义和狭义之分。广义的文化是指人类社会历史实践过程中所创造的物质财富和精神财富的总和，也就是人类在改造自然和社会的过程中所创造的一切财富，都属于文化的范畴。狭义的文化是指社会的意识形态，即人类所创造的精神财富，如文学、艺术、教育、科学等，同时也包括社会制度和组织机构。

2. 茶文化

茶文化也有广义和狭义之分。广义的茶文化是指以茶为中心的物质文明和精神文明的总和。它以物质为载体，反映出明确的精神内容，是物质文明与精神文明高度和谐统一的产物，内容包括茶叶的历史发展、茶区人文环境、茶业科技、千姿百态的茶类和茶具、饮茶习俗和茶道茶艺、茶书画诗词等文化艺术形式。狭义的茶文化则专指其精神文明（"精神财富"部分的内容），即在使用茶叶过程中所产生的文化现象和社会现象。

二、内部结构

根据文化学的研究，文化的内部结构一般包括物质文化、制度文化、行为文化和心态文化 4 个层次。

同样，茶文化的内部结构也有物质文化、制度文化、行为文化和心态文化 4 个层次。

1. 物质文化

物质文化是有关茶的物质文化产品的总和。它包括人们从事茶叶生产的活动方式和相应的产品，如有关茶叶的栽培、制造、加工、保存、化学成分及疗效研究等，也包括茶、水、具等物质实物，以及茶馆、茶楼、茶亭等实体性设施。它是茶文化结构的表层部分，是人们可以直接触知到的茶文化内容。

2. 制度文化

制度文化指人们在从事茶叶生产和消费过程中所形成的社会行为规范，如古代的茶政，包括纳贡、税收、专卖、内销、外贸等制度。

3. 行为文化

行为文化指人们在茶叶生产和消费过程中约定俗成的行为模式，通常以茶礼、茶俗等形式表现出来。

4. 心态文化

心态文化包括人们在茶叶生产和消费过程中所孕育出来的价值观念、审美情趣，在茶艺操作过程中所追求的意境和韵味，以及由此产生的丰富联想；反映茶叶生产、茶区生活、饮茶情趣的文艺作品；将饮茶与人生处世哲学相结合，上升至哲理高度，形成所谓茶德、茶道等。这是茶文化的深层次结构，也是茶文化的核心部分。

三、基本特征

1. 社会性

饮茶是人类美好的物质享受与精神享受，随着社会文明进步，饮茶文化已经渗透到社会的各个领域、层次、角落。在中国历史上，虽然富贵之家过的是"茶来伸手、饭来张口"的生活，贫苦之户过的是"粗茶淡饭"的日子，但都离不开茶。人有阶级与等级差别，但无论是王公显贵、社会名流，还是平民百姓，对茶的需求是一致的。

2. 广泛性

茶文化雅俗共赏，各得其所。从宗教寺院的茶禅到宫廷显贵的茶宴，从文化雅士的品茗到人民大众饮茶，出现了层次不同、规模不一的饮茶活动。以茶为药物，以茶为聘礼，以茶会友，以茶修性，茶与人的一生发生密不可分的联系。茶在人们生活、社会活动过程中的介入和作用是其广泛性的表现。茶还与文学艺术等许多学科有着紧密的联系。

3. 民族性

中国是一个多民族的国家，56 个民族都有自己多姿多彩的茶俗。蒙古族的咸奶茶、维吾尔族的奶茶和香茶、苗族和侗族的油茶、佤族的盐茶，主要是用茶作食，重在茶食相融；傣族的竹筒茶（见图 3—1）、回族和苗族等民族的罐罐茶等，主要追求的是精神享受，重在饮茶情趣。尽管各民族的茶俗有所不同，但按照中国人的习惯，凡有客人进门，不管你是否要喝茶，主人敬茶是少不了的，不敬茶往往认为是不礼貌的。从世界范围看，各国的茶艺、茶道、茶礼、茶俗，在茶饮的统一性下，都清晰地表现出其民族性的区别。

图 3—1 傣族的竹筒茶

4. 区域性

"千里不同风，百里不同俗。"中国地广人多，由于受历史文化、生活环境、社会风情以及地理气候、物质资源、经济及生活水平等影响，中国茶文化呈现出区域性特点。如对茶叶的需求，在一定区域内是相对一致的，南方人喜欢绿茶，北方人崇尚花茶，福建、广东、台湾人欣赏乌龙茶等。这些都是茶文化区域性的表现。

5. 传承性

茶文化本身也成为中华文化的一个组成部分。茶文化以上的特征决定了茶对中国文化的发展具有传承性的特点，成为中华文化形成、延续与发展的重要载体。例如，通过茶文化可以转化孔子的六艺，把孔子文化注入其中。

四、基本特点

1. 物质与精神的结合

茶作为一种物质，它的形和体是异常丰富的；茶作为一种文化载体，又有深邃的内涵和文化的包容性。茶文化就是物质与精神两种文化有机结合而形成的一种独立的文化体系。

2. 高雅与通俗的结合

茶文化是雅俗共赏的文化，它在发展过程中，一直表现出高雅和通俗两个方面，并在高雅与通俗的统一中向前发展。历史上，宫廷贵族的茶宴、僧侣士大夫的斗茶、品茶以及茶文化艺术作品等，是茶文化高雅性的表现。但这种高雅的文化，植根于同人民生活息息相关的通俗文化之中。没有粗犷、通俗的茶文化土壤，高雅茶文化就会失去自下而上的基础。

3. 功能与审美的结合

茶在满足人类物质生活方面表现出广泛的实用性，如食用、治病、解渴。而"琴棋书画诗曲茶"又使茶与文人雅士结缘，在精神生活方面表现出广泛的审美情趣。茶的绚丽多姿，茶文学艺术作品的五彩缤纷，茶艺、茶礼的多姿多彩，都能满足人们的审美需要。

4. 实用性与娱乐性的结合

茶文化的实用性决定它有功利性的一面，但这种功利性是以它的文化性为前提并以之为归宿的。随着茶的综合利用与开发，茶文化已渗透到社会经济生活的各个领域。近年来开展的多种形式的茶文化活动就是以促进经济发展、提高人的文化素质为宗旨的。

第2节　萌芽与形成

一、萌芽时期

茶饮方法在经历含嚼吸汁、生煮羹饮阶段后，至魏晋南北朝时，已开始进入烹煮饮用阶段。当时，至少在长江以南地区，纯粹意义上的饮茶，即仅仅把茶当作饮料饮用已经相当普遍，但在饮用形式上仍沿袭着羹饮。在饮用时间上已逐渐与吃饭分离，一种是"坐席竟，下饮"，即饭后饮茶；一种是与食完全无关的饮茶，大约相当于客来敬茶。在这个时期，将茶当作饮料是一种更普遍的现象，占据着主导地位。饮茶的风尚和方式，则主要有以茶品尝、以茶伴果而饮、茶粥等多种类型。这些都是茶进入文化领域的物质基础。

茶作为自然物质进入文化领域，是从它被当作饮料并发现其对精神有积极作用开始的。值得重视的是，茶文化一出现，就是作为一种健康、高雅的精神力量与两晋的奢侈之风相对抗。魏晋南北朝茶开始进入文化精神领域，主要表现在以下 3 个方面。

1. 以茶养廉

魏晋南北朝时期，门阀制度盛行，官吏及士人皆以夸豪斗富为美，"侈汰之害，甚于天灾"，奢侈荒淫的纵欲主义使世风日下，深为一些有识之士痛心疾首，一些有识之士提出了"养廉"的问题，于是社会上出现以茶养廉示俭的一些事例，如东晋时期吴兴太守陆纳，有"恪勤贞固，始终勿渝"的口碑，是一个以俭德著称的人。对登门拜访的客人，陆纳只是端上茶水和一些瓜果招待。与陆纳同时代的桓温是东晋明帝之婿，政治、军事才干卓著，且提倡节俭，《晋书·桓温传》记载："桓温为扬州牧，性俭，每宴惟下七奠，拌茶果而已。"南朝齐武帝萧赜永明十一年（493 年）遗诏说："我灵上慎勿以牲为祭，唯设饼、茶饮、干饭、果脯而已，天下贵贱，咸同此制。"齐武帝萧赜是南朝较节俭的少数统治者之一，他提倡以茶为祭，把民间的礼俗吸收到统治阶级的丧礼中，并鼓励和推广这种制度。

陆纳以茶待客、桓温以茶代酒宴、齐武帝以茶示简等，他们提倡以茶养廉、示简的本意在于纠正社会不良风气，而茶则成了节俭生活作风的象征，这体现了当权者和有识之士的思想导向：以茶倡廉抗奢。

2. 进入宗教

魏晋时期，社会上有吃药以求长生的风气，这主要是因为受到道教的影响。当时人们认为饮茶可以养生、长寿，还能修仙，茶由此开始进入宗教领域。如《陶弘景新录》中有"茶茗轻身换骨，昔丹丘子黄山君服之"，《壶居士食忌》中有"苦茶久食羽化，与韭同食令人体重"等，而道家修炼气功要打坐、内省，茶对清醒头脑、舒通经络有一定作用，于是出现一些饮茶可羽化成仙的故事和传说。这些故事和传说在《续搜神记》《杂录》等书中均有记载。

南北朝时期佛教开始兴起，当时战乱不已，僧人倡导饮茶，也使饮茶有了佛教色彩，促进了"茶禅一味"思想的产生。

3. 文人赞颂

魏晋时，茶开始成为文化人赞颂、吟咏的对象，已有文人直接或间接地以诗文赞吟茗饮，如晋代文学家杜育的《荈赋》是一篇完整意义上的茶文学作品；西晋文学家左思的《娇女诗》中有"心为茶荈剧，吹嘘对鼎𬭤"句，张载《登成都白菟楼》中有"芳茶冠六清，溢味播九区"句等，这些诗句已不再像其他书籍中一味地记述茶叶的医疗功效，而是从文化角度来欣赏茶叶了。另外，文人名士既饮酒又喝茶，以茶助兴，开了清谈饮茶之风，出现一些文化名士饮茶的佚文趣事。

总之，魏晋南北朝时期，许多文化思想与茶相关。此时，茶已经超出了它的自然属性，其精神内涵日益显现，中国茶文化初现端倪。

二、形成时期

唐代是中国封建社会的顶峰，也是封建文化的顶峰。它形成了一个国家统一、国力强盛、经济繁荣、社会安定、文化空前发展的局面。特别是所谓盛唐时期，社会上呈现出一种相对太平繁荣的景象。整个社会弥漫着一种青春奋发的情绪，创造力蓬勃旺盛。在承袭汉魏六朝的传统，同时融合了各少数民族及外来文化精华的基础上，音乐、歌舞、绘画、工艺、诗歌等都以新颖的风格发展起来，成为中国历史上的辉煌时期。这样的社会条件，为饮茶的进一步普及和茶文化的继续发展准备好了基础。

1. 形成原因

除了经济发展，社会生产力提高，大大促进了茶叶生产的发展之外，还有以下3点原因：

（1）饮茶普及。隋末唐初，茶事活动得到进一步发展，饮茶之风在北方地区传播开来，王公贵族开始以饮茶为时髦，但此时的饮茶还是多从药用的角度出发。到了唐代中期，形势有了巨大变化，人们喝茶主要不是为了治病，而是一种具有文化意味的嗜好，饮茶之风已经普及到全国南北各地。《茶经·六之饮》记载："滂时浸俗，盛于国朝。两都并荆渝间，以为比屋之饮。"封演《封氏闻见录》也记载："自邹、齐、沧、棣，渐至京邑城市，多开店铺，煎茶卖之，不问道俗，投钱取饮。"唐穆宗时人李珏说："茶为食物，无异米盐，人之所资，远近同俗。既𬒈渴乏，难舍斯须。至于田闾之间，嗜好尤切。"（《全唐文》第八册）杨华《膳夫经手录》也说："今关西、山东，闾阎村落皆吃之，累日不食犹得，不得一日无茶也。"由此可见唐代饮茶风气兴盛的程度。

（2）佛门兴茶。唐代饮茶兴盛，一个重要原因是佛门茶事的盛行。唐代寺庙众多，又是佛教禅宗迅速普及的时期，信徒遍布全国各地，饮茶风气盛行。"……学禅务于不寐，又不夕食，皆许其饮茶。人自怀挟，到处煮饮。从此转相仿效，遂成风俗。"（《封氏闻见录》）这段话的意思就是说，世俗社会的人们对僧人加以仿效，加快了饮茶的普及，并且很快成为流行于整个社会的习俗。

（3）贡茶出现。早在魏晋南北朝时期皇室就已开始饮茶，到了唐代，皇室对茶的需求量逐渐扩大。唐中期以后的皇帝大多好茶，更是广向民间搜求名茶，要求入贡的茶也越来越多。唐大历五年（770 年），唐代宗还在浙江长兴顾渚山开始设立官焙（专门采造宫廷用茶的生产基地），责成湖州、常州两州刺史督造贡茶并负责进贡紫笋茶。每年新茶采摘后，便昼夜兼程解京长安，"十里王程路四千，到时须及清明宴"，即"先荐宗庙，后赐群臣"。

2. 形成表现

唐代作为我国古代茶业发展史上的一座里程碑，其突出之处不仅在于茶业产量的极大提高，而且还表现在茶文化发展上。文人以茶会友、以茶传道、以茶兴艺，使茶饮在人们生活中的地位大大提高，使茶文化内涵更加深厚。

（1）陆羽《茶经》（见图 3—2）。中唐时，陆羽《茶经》的问世，把茶文化推

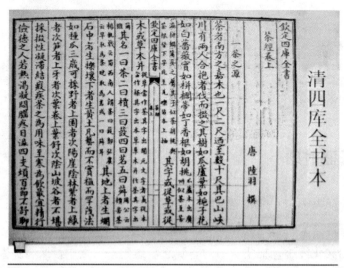

图 3—2 陆羽《茶经》

向了空前高度。《茶经》是我国第一部全面介绍唐代及唐代以前有关茶事的综合性茶业著作，全书详细论述了茶的历史和现状。从茶的源流、产地、制作、品饮等方面，总结了包括茶的自然属性和社会功能在内的一整套知识。另外，还创造了包括茶艺、茶道在内的一系列的文化思想，基本上勾画出了茶文化的轮廓，是茶文化正式形成的重要标志。继《茶经》之后，还有张又新的《煎茶水记》、温庭筠的《采茶录》等多种茶书问世。

（2）咏茶诗文。在唐代茶文化发展中，文人的热情参与起了重要的推动作用，其中最为典型的是茶诗创作。在唐诗中，有关茶的作品很多，题材涉及茶的采、制、煎、饮，以及茶具、茶礼、茶功、茶德等。唐代采取严格的科举制度，文人学士都有科举入官的可能。每当会试，不仅举子被困考场中，连值班的翰林官也劳乏不堪。于是朝廷特命以茶汤送试场，这种茶汤被称为"麒麟草"。举子们来自四面八方，久而久之，饮茶之风在文人中进一步发扬。唐代科举把诗列为主要内容，写诗的人需要益智提神，茶自然成为文人最好的饮品和吟诵的对象。文人们以极大的热情引茶入诗或作文，不断丰富茶文化内涵。代表性的如卢仝因创作《走笔谢孟谏议寄新茶》一诗，而获得茶中"亚圣"的地位。由此可见其对茶文化理解之深刻、影响之广泛。

唐代茶文化发展的表现是多方面的，也因此是我国茶文化史上的第一个高潮。

第3节　兴盛与发展

一、兴盛时期

茶兴于唐而盛于宋。宋代的茶叶生产空前发展，饮茶之风非常盛行，既形成了豪华极致的宫廷茶文化，又兴起趣味盎然的市民茶文化。宋代茶文化还继承唐人注重精神意趣的文化传统，把儒学的内省观念渗透到茶饮之中，又将品茶贯彻于各阶层日常生活和礼仪之中，由此一直沿袭到元明清各代。与唐代相比，宋代茶文化在以下 3 方面呈现了显著的特点。

1. 形成精细制茶工艺

宋代气候转冷，常年平均气温比唐代低 2 ~ 3℃，特别是在一次寒潮袭击下，众多茶树受到冻害，茶叶生产遭到严重破坏，于是生产贡茶的任务南移。太平兴国二年（977 年），宋太宗为了"取象于龙凤，以别庶饮，由此入贡"，派遣官员到福建建安北苑，专门监制"龙凤茶"。龙凤茶是用定型模具压制茶膏，并刻上龙、凤、花、草图案的一种饼茶。压模成型的茶饼上，有龙凤的造型。龙是皇帝的象征，凤是吉祥之物，龙凤茶不同于一般的茶，显示了皇帝的尊贵和皇室与贫民的区别。在监制龙凤茶的过程中，先有丁谓，后是蔡襄等官员对饼茶进行了改造，使其更加精益求精。故宋徽宗在《大观茶论》中写道："采择之精，制作之工，品第之胜，烹点之妙，莫不咸造其极。"

宋代创制的龙凤茶把我国古代蒸青团茶的制作工艺推向一个历史高峰，拓宽了茶的审美范围，即由对色、香、味的品尝，扩展到对形的欣赏，为后代茶叶形制艺术发展奠定了审美基础。现今云南产的"圆茶""七子饼茶"之类和一些茶店里还能见到的"龙团""凤髓"的名茶招牌，就是沿袭宋代龙凤茶而遗留的一些痕迹。

2. 形成点茶技艺

宋代饮茶方式，由唐代的煎茶过渡到点茶。所谓点茶，就是将碾细的茶末直接投入茶碗（盏）之中，然后冲入沸水，再用茶筅在碗中加以调和，茶中已不再投入葱、姜、盐一类的调味品。宋代茶因为有斗茶、分茶等技艺的流行，在采制技术上也更为精致和讲究。

（1）斗茶。它是一种茶汤品质的相互比较方法，有着极强的竞技性，最早应用于贡茶的选送和市场价格及品位的竞争，一个"斗"字，已经概括了这种活动的激烈程度，因而也被称作"茗战"。后来不仅在上层社会盛行，还逐渐普及到民间。唐寅《斗茶记》记其事说："政和二年，三月壬戌，二三君子，相与斗茶于寄傲斋。予为取龙塘水烹之，而第其品，以某为上，某次之。"三五知己，各取所藏好茶，轮流品尝，决出名次，以分高下。类似的情景，许多古籍中也有记载。

（2）分茶。也称"茶百戏""汤戏"。善于分茶之人，可以利用茶碗里的水沫，创造善于变化的书画来，从这些碗中的图案里，观赏者和创作者能得到许多美的享受。宋代陶谷《清异录·茶百戏》中说："近世有下汤适匕，别施妙诀，使汤纹水脉成物象者。禽兽虫鱼花草之属，纤巧如画，但须臾即就散灭。此茶之变也。时人谓'茶百戏'。"玩这种游艺时，碾茶为末，注之以汤，以筅击拂，这时盏面上的汤纹就会幻变出各种图样来，犹如一幅幅水墨画，所以也有"水丹青"之称。宋代斗茶如图3—3所示。

3. 茶馆业兴盛

茶馆，又叫茶楼、茶肆、茶坊等，简而言之，是以营业为目的，供客人饮茶的场所。茶馆早在唐代就已出现，但到了宋代，随着城市经济的发展与繁荣，茶馆业也迅速发展和繁荣。

京城汴京是北宋时期政治、经济、文化中心，又是北方的交通要道，当时茶馆鳞次栉比，尤以闹市和居民集中居住地为盛。南宋建都临安（今杭州）后，茶馆有

图3—3 宋代斗茶图

盛无衰，"处处有茶坊、酒肆、面店、果子、彩帛、绒线、香烛、油酱、食米、下饭鱼肉鲞、腊等铺"（《梦粱录》卷十三《铺席》）。《都城记胜》说城内的茶坊很考究，文化氛围浓郁，室内"张挂名人书画"，供人消遣。《梦粱录》中也说"今杭城茶肆亦……插四时花，挂名人画，装点门面"。茶坊里卖奇茶异汤，冬月添卖七宝擂茶、馓子、葱茶、盐豉汤；暑月添卖雪泡梅花酒。

大城市里茶馆兴盛，山乡集镇的茶馆也遍地皆是，只是设施比较简陋。它们或设在山镇，或设于水乡，凡有人群处，必有茶馆。南宋洪迈写的《夷坚志》中，提到茶肆多达百余处，说明随着社会经济的发展，茶馆逐渐兴盛起来，茶馆文化也日益发达。

二、延续发展期

在中国古代茶文化的发展史上，元明清也是一个重要阶段。特别是茶文化自宋代深入市民阶层后，各种茶文化表现形式不仅继续在宫廷、宗教、文人士大夫等阶层中延续和发展，茶文化的精神也进一步植根于广大民众之间，士、农、工、商都

把饮茶作为友人聚会、人际交往的媒介。不同地区、不同民族有极为丰富的"茶民俗"。

1. 辽、金

（1）"学唐比宋"。辽虽是契丹人所建，但常以"学唐比宋"自勉，宋朝风尚很快传入辽地，唐宋行"茶马互市"使边疆民族更以茶为贵。宋朝的茶文化借由使者传至北方，"行茶"也成为辽国朝仪的重要仪式，《辽史》中这方面的记载比《宋史》还多。发现于河北宣化的辽墓点茶图壁画，描绘的就是宋朝流行的点茶器具及点茶法。

（2）"上下竞啜"。女真建国后，也不断地学宋人饮茶之法，而且饮茶之风日甚一日。当时，金朝"上下竞啜，农民尤甚，市井茶肆相属"，文人们饮茶与饮酒已是等量齐观。于是，金朝不断地下令禁茶。禁令虽严，但茶风已开，茶饮深入民间，茶饮地区不断扩大。如《松漠记闻》记载，女真人婚嫁时，酒宴之后，"富者遍建茗，留上客数人啜之，或以粗者煮乳酪"。同时，汉族饮茶文化在金朝文人中的影响也很深，如党怀英所作《青玉案》词中，对茶文化的内涵有很准确的把握。

2. 元

元代是中国茶文化经过唐宋的发展高峰，到明清的继续发展之间的一个承上启下的时期。元代虽然由于历史的短暂与局限，没能呈现茶文化的辉煌，但在茶学和茶文化方面仍然继续唐宋以来的优秀传统，并有所发展创新。

（1）接受茶文化的熏陶。原来与茶无缘的蒙古族，自入主中原后，逐渐开始注意学习汉族文化，接受茶文化的熏陶，"大官汤羊厌肥腻，玉瓯初进江南茶"（元·马祖常《和王左司竹枝词十首》）。蒙古贵族尚茶，对茶叶生产是重要的刺激与促进，因而"上而王公贵人所尚，下而小夫贱隶之所不可缺，诚民生日用之所资"（王桢《农书》）。但饮茶方式与中原有很大的不同，喜爱在茶中加入酥油及其他特殊佐料的调味茶，如兰膏、酥签等茶饮。

（2）开始出现散茶。汉民族文化受到北方游牧民族的冲击，对茶文化的影响就是饮茶的形式从精细转入随意，已开始出现散茶。饼茶主要为皇室宫廷所用，民间则以散茶为主。由于散茶的普及流行，茶叶的加工制作开始出现炒青技术，花茶的加工制作也形成完整系统。汉蒙饮食文化交流，还形成具有蒙古特色的饮茶方式，开始出现泡茶方式，即用沸水直接冲泡茶叶，如"建汤""玉磨末茶一匙，入碗内研习，百沸汤点之"（无名氏《居家必用事类全集》）。这些为明代炒青散茶的兴起奠定了基础。

（3）茶入元曲。元统一全国后，在文化政策上较宋有很大变化，中原传统的文化精神遭受打击，知识分子的命运多有改变，曾一度取消的科举考试，使得汉族知识分子丧失了仕进之路，许多人沦为社会下层，与勾栏中人为伍。元移宋鼎，又使得大部分汉族知识分子有亡国之痛。所以，元代文人尤其是宋朝遗民许多都醉心于茶事，借以表现节气，磨砺意志。其中，许多文人以茶诗文自嘲自娱，还以散曲、小令等借茶抒怀。如著名散曲家张可久弃官隐居西湖，以茶酒自娱，写《寨儿令·春思次韵》言其志："饮一杯金谷酒，分七碗玉川茶。嚓！不强如坐三日县官衙"；乔吉感慨大志难酬，"万事从他"，却自得其乐地写道"香梅梢上扫雪片烹茶"。茶入元曲，茶文化因此多了一种文学艺术表现形式。

3. 明代

明代是中国茶文化史上继往开来、迅猛发展的重要历史时期，当时的文人雅士继承了唐宋以来文人重视饮茶的传统，普遍具有浓郁而深沉的嗜茶情结，茶在文人心目中的崇高地位得以凸显。有以下3个鲜明的特色。

（1）饮茶方式转变。历史上正式以国家法令形式废除团饼茶的，是明太祖朱元璋。他于洪武二十四年（公元1391年）九月十六日下诏："罢造龙团，惟采茶芽以进。"从此向皇室进贡的只要芽叶形的蒸青散茶。皇室提倡饮用散茶，民间自然蔚然成风，并且将煎煮法改为随冲泡随饮用的冲泡法，这是饮茶方法上的一次革新。从此，饮用冲泡散茶成为当时主流，"开千古茗饮之宗"，改变了我国千古相沿习成的饮茶法。这种冲泡法，对于茶叶加工技术的进步（如改进蒸青技术、产生炒青技术等），以及花茶、乌龙茶、红茶等茶类的兴起和发展，起了巨大的推动作用。由于泡茶简便、茶类众多，烹点茶叶成为人们一大嗜好，饮茶之风更为普及。产于浙江长兴县的芥茶，在明代后期声名鹊起，此茶因在炒青盛行时沿用蒸青法而得到一批名人雅士的特别喜爱。

（2）紫砂茶具异军突起。紫砂茶具始于宋代，到明代，由于横贯各文化领域潮流的影响，文人的积极参与和倡导，紫砂制造业水平提高和即时冲泡的散茶流行等多种原因，逐渐异军突起，代表一个新的方向和潮流而走上了繁荣之路。

宜兴紫砂茶壶的制作，相传始于明代正德年间。当时宜兴东南有座金沙寺，寺中有位被尊为金沙僧的和尚，平生嗜茶。他选取当地产的紫砂细砂，用手捏成圆坯，安上盖、柄、嘴，经窑中焙烧，制成了中国最早的紫砂壶。此后，有个叫龚

（供）春的家童跟随主人到金沙寺侍谈，他巧仿老僧，学会了制壶技艺。所制壶被后人称为"供春壶"（见图3—4），有"供春之壶，胜如白玉"之说。供春也被称为紫砂壶真正意义上的鼻祖，第一位制壶大师。

图3—4 供春壶

到明万历年间，出现了董翰、赵梁、元畅、时朋"四家"，后又出现时大彬、李仲芳、徐友泉"三大壶中妙手"。紫砂茶壶不仅因为瀹饮法而兴盛，其形制和材质更迎合了当时社会所追求的平淡、端庄、质朴、自然、温厚、娴雅等精神需要，得到文人的喜爱。当时有许多著名文人都在宜兴定制紫砂壶，还题刻诗画在壶上，他们的文化品位和艺术鉴赏也直接左右着制壶匠们。如著名书画家董其昌、著名文学家赵宦光等，都在宜兴定制且题刻过。随着一大批制壶名家的出现，在文人的推动下，紫砂茶具形成了不同的流派，并最终形成了一门独立的艺术。

明代人崇尚紫砂壶几近狂热的程度，"今吴中较茶者，必言宜兴瓷"（周容《宜瓷壶记》），"一壶重不数两，价值每一二十金，能使土与黄金争价"（周高起《阳羡茗壶系》），可见明人对紫砂壶的喜爱之深。

（3）茶学研究最为鼎盛。中国是最早为茶著书立说的国家，明代达到一个兴盛期，共计有50余部。明太祖第十七子朱权，于公元1440年前后编写《茶谱》一书，对饮茶之人、饮茶之环境、饮茶之方法、饮茶之礼仪等作了详细介绍。陆树声在《茶寮记》中，提倡于小园之中，设立茶室，有茶灶、茶炉，窗明几净，颇有远俗雅意，强调的是自然和谐美。张源《茶录》中说："造时精，藏时燥，泡时洁。精、燥、洁，茶道尽矣。"这句话从一个角度简明扼要地阐明了茶道真谛。

明代茶书对茶文化的各个方面加以整理、阐述和开发，创造性和突出贡献在于全面展示明代茶业、茶政空前发展和中国茶文化继往开来的崭新局面，其成果影响至今。明代在茶文化艺术方面的成就也较大，除了茶诗、茶画外，还产生众多的茶歌、茶戏，有几首反映茶农疾苦、讥讽时政的茶诗，历史价值颇高，如高启的《采茶词》等。

4. 清代

清代沿承了明朝的政治体制和文化观念。由明代形成的茶文化又一个历史高潮，在清初一段时间以后继续得到延续发展，其主要特色有以下3个方面。

（1）更为讲究的饮茶风尚。清朝满族祖先本是中国东北地区的游猎民族，肉食为主，进入北京成为统治者后，养尊处优，需要消化功效大的茶叶饮料。于是普洱茶、女儿茶、普洱茶膏等，深受帝王、后妃、吃皇粮的贵族们喜爱。有的用于泡饮，有的用于熬煮奶茶。清代的宫廷茶宴也远多唐宋。宫廷饮茶的规模和礼俗较前代有所发展，在宫廷礼仪中扮演着重要的角色。据史料记载，乾隆时期，仅重华宫所办的"三清茶宴"就有43次。"三清茶宴"为清高宗弘历所创，目的在"示惠联情"，自乾隆八年起固定在重华宫，因此也称重华宫茶宴。"三清茶宴"于每年正月初二至初十间择日举行，参加者多为词臣，如大学士、九卿及内廷翰林。每次举行时，需择一宫廷时事为主题，群臣联句吟咏。宴会所用"三清茶"，是乾隆皇帝亲自创设，系采用梅花、佛手、松实入茶，以雪水烹之而成。乾隆认为，以上三种物品皆属清雅之物，以之瀹茶，具幽香而"不致溷茶叶"。嗜茶如命的乾隆皇帝，一生与茶结缘，品茶鉴水有许多独到之处，也是历代帝王中写作茶诗最多的一个，有几十首御制茶诗存世。他晚年退位后，还在北海镜清斋内专设"焙茶坞"，悠闲品茶。

清代茶文化一个重要的现象就是茶在民间的普及，并与寻常日用结合，成为民间礼俗的一个组成部分。饮茶在民间普及的一个重要标志就是茶馆如雨后春笋般出现，成为各阶层包括普通百姓进行社会活动的一个重要场所。民间大众饮茶方法的讲究表现在很多方面，如"杭俗烹茶，用细茗置茶瓯，以沸汤点之，名为撮泡"

（陈师《茶考》）。当时人们泡茶时，茶壶、茶杯要用开水洗涤，并用干净布擦干，茶杯中的茶渣必须先倒掉，然后再斟。

闽粤地区民间，嗜饮工夫茶者甚众，故精于此"茶道"之人亦多。到了清代后期，由于市场上有六大茶类出售，人们已不再单饮一种茶类，而是根据各地风俗习惯选用不同茶类，不同地区、不同民族的茶习俗也因此形成。

（2）茶叶外销达历史高峰。清朝初期，以英国为首的资本主义国家开始大量从我国运销茶叶，使我国茶叶向海外的输出猛增，如图 3—5 所示。1886 年我国茶叶出口达 13.41 万吨，达历史高峰。

图 3—5 清代茶叶出口

鸦片战争的爆发与茶叶贸易有直接关系。清代中期前，各资本主义国家对华贸易最大的要算英国，英国需要进口我国大量的货物，其中茶叶居多。但英国又拿不出对等的物资与中国交换，英中双方贸易出现逆差，英国每年要拿出大量的白银支付给中国，这对当时的英国十分不利。为改变这种状况和加强对中国的经济侵略，英国就大量向中国倾销鸦片毒害中国人民，并采取外交与武力威胁相结合的手段，先后向我国发动了两次鸦片战争。战争的结果是腐败无能的清政府同以英国为首的外国资本主义国家签订了一系列不平等条约。自此，英国垄断控制了华茶外销，美国、日本勾结抵制华茶外销，日本千方百计侵占华茶市场，使中国茶叶对外贸易在达到历史高峰后逐渐被印度、锡兰挤压，到民国时期更是一落千丈。

（3）茶文化开始成为小说描写对象。诗文、歌舞、戏曲等文艺形式中描绘"茶"的内容很多。清代是我国小说创作极为繁荣的时期，不但数量大，而且反映了政治、经济以及文化的各个方面。在众多小说话本如《镜花缘》《儒林外史》《红楼梦》等中，茶文化的内容都得到了充分展现，成为当时社会生活最为生动、形象的写照。

就《红楼梦》来说，"一部《红楼梦》，满纸茶叶香"，书中言及茶的多达260余处，咏茶诗词（联句）有10多首。它所载形形色色的饮茶方式、丰富多彩的名茶品种、珍奇的古玩茶具和讲究非凡的沏茶用水等，是我国历代文学作品中记述和描绘最全面的。它集明后至清代200多年间各类饮茶文化大成，形象地再现了当时上至皇室官宦、文人学士，下至平民百姓的饮茶风俗。

清末至新中国成立前的100多年，资本主义入侵，战争频繁，社会动乱，传统的中国茶文化日渐衰微，饮茶之道在中国大部分地区逐渐趋于简化，但这并非是中国茶文化的完结。从总趋势看，中国的茶文化是在向下层延伸，这更丰富了它的内容，也更增强了它的生命力。在清末民初的社会中，城市乡镇的茶馆茶肆处处林立，大碗茶比比皆是，盛暑季节道路上的茶亭及乐善好施的大茶缸处处可见。"客来敬茶"已成为普通人家的礼仪美德。由于制作工艺的发展，基本形成了今天的六大茶类。

第4节　恢复与重建

新中国成立，结束了旧中国百年屈辱的历史，中华民族走上了伟大的复兴之路。中国茶业经济和茶文化从此进入恢复与重建时期。已经走过的60多年可分为两个阶段：前30多年是茶业经济走出"短缺"和当代茶文化萌生，即恢复时期；后30多年是茶业经济和茶文化并肩快速发展，即重建时期。

一、恢复时期

1. 茶业经济走出"短缺"

新中国成立初期,我国茶叶产量十分低下。1950 年全国茶叶产量仅 6.52 万吨,出口茶叶 0.85 万吨。为恢复和发展我国的茶叶生产,国家农业部和贸易部都把茶叶生产和保证出口列入国内供应重要议事日程,举办技术培训,发放茶叶贷款,签订预购合同,预付定金,激发鼓励茶农的生产积极性。到 1956 年全国茶叶产量达到 12.05 万吨,比 1950 年差不多翻了一番,但茶叶仍然严重"短缺",供不应求。20 世纪七八十年代茶叶生产持续快速发展,1976 年全国茶叶产量达到 23.35 万吨,首次超过斯里兰卡,仅次于印度,居世界第二位。20 世纪 80 年代初,中国茶业终于走出"短缺"的历史,国内茶叶生产可以放开供应了。

2. 当代茶文化萌生

新中国成立初期,百业待兴,茶文化活动未能成为重点提倡的文化事业,但是自唐宋以来勃兴的茶馆业在大小城镇仍然长盛不衰,有的茶馆和民间曲艺演出结合在一起,成为民间文化活动的重要阵地。有些文艺工作者也创作了一批茶文化作品。如 20 世纪 50 年代整理加工的福建民间舞蹈《采茶扑蝶》、60 年代浙江创作的音乐舞蹈《采茶舞曲》和江西创作的歌曲《请茶歌》等,都曾广泛流行。戏曲方面也成绩显著,如 50 年代老舍创作的三幕话剧《茶馆》(见图 3—6),已经成为话剧史上的经典作品;60 年代江西创作的赣南采茶戏《茶童哥》,还被改编为彩色电影《茶童戏主》在全国放映,受到群众的欢迎。

在"文化大革命"期间,茶文化曾受到一定的冲击,茶文化的作品受到批判,茶馆业也一度受到严重的摧残。不过民间的饮茶风习早已成为日常生活的一部分,客来敬茶,以茶待客,已成为我们民族的优良传统。如北方的盖碗茶和南方的工夫茶早已深入千家万户,城乡各地的茶馆也并未完全绝迹。

图 3—6 话剧《茶馆》

二、重建时期

当代茶文化从兴起到发展的 30 多年，事象纷繁、气象万千，依茶文化研究专家阮浩耕、段文华在《一个茶文化消费时代到来》一文中的论述：当代茶文化构建于 20 世纪 80 年代，至今这 30 多年来大体经历了如下 3 个阶段。

1. 呼唤期

（1）提出"饮茶文化""茶叶文化"。茶文化在我国虽源远流长，但"茶文化"这个词却是新提出的。1980 年 9 月，庄晚芳等编著的《饮茶漫话》（中国财经出版社出版）后记中说"茶叶源于我国。饮茶文化是我国整个民族文化精华的一部分，也是我国人民对人类作的贡献的一部分"。同年 10 月王泽农、庄晚芳在为陈彬藩《茶经新编》（香港镜报文化企业有限公司出版）所作序言中说"国际友人和海外侨胞，特别是茶叶爱好者在品尝中国香茶的时候，对历史悠久的中国茶叶文化无限向往……"两文分别提出"饮茶文化"和"茶叶文化"是具原创性的，也是新中国成立 30 多年社会经济文化发展以及茶叶生产贸易日益繁荣的必然趋势。1983 年春，于光远发表《茶叶经济和茶叶文化》一文，呼吁"在今后更需要发挥茶叶文化的作用，为发展茶叶经济服务"。庄晚芳、王泽农，于光远的文章以及 1982 年 9 月全国第一个茶文化社团"茶人之家"在杭州成立，为当代茶文化的重构做了舆论和组织引导。

（2）具有标志性意义的茶事活动。1983 年 10 月，由"茶人之家"举办的"茶事咨询会"是这一时期具有标志性意义的一次茶事活动。在这次咨询会上，许多专家学者在商讨扭转茶叶产大于销的"卖茶难"局面的同时还指出，我国对茶文化的研究还远远落后于实际，大力呼吁有关机构要加强茶文化的研究推广。

（3）产生影响的两次茶事活动。一是 1989 年 5 月，台湾陆羽茶文化访问团一行 20 人来大陆访问，17 日在北京人民大会堂安徽厅举行茶艺表演和茶文化交流，后赴合肥、杭州等地访问；二是 1989 年 9 月 10—16 日，"茶与中国文化展示周"在北京民族文化宫举行，期间有茶文化图片、书画及名优茶展示，有广东、云南、福建、四川、浙江、湖南、安徽七省茶艺表演，日本里千家茶道和中国台湾中华茶文化学会也进行了茶道、茶艺表演。

两次茶事活动，吹响了当代茶文化研究的号角，为推动群众性茶事活动和开展海峡两岸茶文化交流做出了示范。

2. 搭台期

进入 20 世纪 90 年代，茶文化渐趋渐热，推动茶产业经济发展的作用日益明显，于是出现了一个广泛被采用的口号："文化搭台，经济唱戏"。其中 1990 年 10 月举行的"杭州国际茶文化研讨会"是这一时期的一个坐标。这次研讨会是对前一个 10 年茶文化成就的总结和检验，同时开启了一个茶文化研究交流与实践创新的新时期，不仅是规模空前的国际性会议，而且从此茶事活动多由企业和民间组织发起主办，转到由政府有关部门参与发起并主办。"文化搭台，经济唱戏"主要表现在以下 3 个方面。

（1）出现许多文化与经贸相融互动的节会。1991 年 4 月，由浙江省人民政府和国家旅游局举办的"中国杭州国际茶文化节暨中国茶叶博物馆开馆"，集旅游、文化、贸易于一体，把茶文化专题讲座、茶艺表演、名茶评选、茶叶茶具展销和贸易洽谈等整合为一个茶事节庆活动。这种文化与经贸相融互动的节会，后被许多省市广泛运用，如上海国际茶文化节、河南信阳茶文化节等。

（2）举办各种类似"茶博会"的展销活动。杭州是较早创建"茶博会"的城市之一，1998 年 10 月就举办了"中国国际茶博览交易会"。如今"茶博会"已成为茶叶产区和销区的常规贸易项目。

（3）与"搭台期"相契合，20 世纪 90 年代还在以下几个方面表现突出：

一是茶艺交流蓬勃发展，特别是城市茶艺活动场所迅猛涌现，已成为一种新兴产业，如图 3—7 所示。目前，中国许多地方都相继成立了茶文化的交流组织，使茶艺活动成为一种独立的艺术门类。在一些大型的茶文化集会中，各地茶文化工作者还编创了许多新型的茶艺表演节目，这些主题鲜明、内容丰富、形式多样的茶艺表演，已成为群众文化生活的一个重要组成部分。同时，各地还相继推出了许多富含创意的茶文

图 3—7 上海宋园茶艺馆

化活动（见图3—8），如清明茶宴、新春茶话会、茗香笔会、新婚茶会、品茗洽谈会等，推动了社会经济文化的发展。

图3—8 上海国际茶文化节

二是茶文化社团应运而生。众多茶文化社团的成立，对弘扬茶文化、引导茶文化步入文明、健康发展之路和促进"两个文明"建设，起到了重要作用。其中规模、影响较大的有"中国国际茶文化研究会"。它酝酿于1990年，成立于1992年，总部设在杭州。在北京，一个以团结中华茶人和振兴中华茶业为己任的，全国性茶界社会团体"中华茶人联谊会"也已成立了20多年。地方性的团体则更多，如浙江湖州的"陆羽茶文化研究会"、广东的"广州市茶文化促进会"等。

三是茶文化书刊和影视、文学作品创作出版。书籍出版有《中国地方志茶叶历史资料选辑》（吴觉农主编，农业出版社，1990年）、《中国茶经》（陈宗懋主编，上海文化出版社，1992年）等。茶文化期刊有江西社科院主办的《农业考古·中国茶文化专号》（1991年创刊），浙江省茶叶公司、浙江国际茶人之家基金会主办的《茶博览》（1993年创刊）等。影视和文学方面主要有中央电视台摄制的18集大型电视系列片《话说茶文化》，王旭峰创造的长篇小说《茶人三部曲》等。

3. 消费期

进入 21 世纪以来的 10 多年，可以称作茶文化消费的开启时期。这一时期茶文化与茶经济、茶科技结合日益紧密，并继续广泛走向大众生活。茶文化还朝着创意、经营的方向发展，即通过创意设计，使茶文化成为一种可以经营的、走向市场的时尚生活方式，一种消费文化。当今茶文化消费的兴起，呈现出十大亮点：

（1）茶品。附加更多文化意蕴。自然生态的、传统工艺制作的茶品和收藏得好的老茶，成为品茗者的新宠。茶叶包装也凸显创意新颖。

（2）茶具。讲究艺术品位和价值。品茶又玩器，爱茶人从选配日用茶器进入到自主设计并参与制作。除了陶瓷茶具，铁壶、银器也受到追捧。

（3）茶食。讲究精致搭配。由且饮且食的餐饮方式，进入品茶兼品食，讲究茶食果品与茶性相结合。茶宴的制作也更加多样，有以茶入菜的，又有以茶配菜的。

（4）茶艺馆。文化创意日渐活跃。如北京老舍茶馆全新打造北京堂会项目，集演出、茶事服务、餐饮、创意礼品于一体的高端定制化产品服务体系；天津茶馆的曲艺和相声演出已成为品牌等。

（5）茶文化旅游。茶庄园、文化创意园异军突起。相对原有分散、零星的农家乐，具有较大规模的茶庄园、文化创意园，突出体验，有品茶、茶宴、观光、休闲等多种活动。

（6）茶艺教育。由职业培训走向社会培训。10 多年来，茶艺培训不仅是茶艺从业人员的需求，而且成为越来越多爱茶人自身文化修养的一个项目。上海等大城市的在华外籍人士和热爱中国茶文化的人士都有参加培训的。茶艺培训已成为一种文化服务产品，特别是有品牌的培训机构。

（7）书画演艺。近年来涌现出一大批以茶事为主题的书画艺术作品，如旅美作曲家、指挥家谭盾创作的歌剧《茶——心灵的明镜》，作为奥运会文化活动的重头戏在中国国家大剧院演出；电影《大碗茶》2013 年 4 月 21 日在人民大会堂成功举办首映礼；王旭峰编剧并总导演的话剧《六羡歌》2013 年 6 月 10 日在浙江农林大学首演成功等。

（8）出版。茶文化书刊出版方兴未艾。茶文化是多元文化的融合，茶与茶文化的消费也是多层次的，加上茶叶的悠久历史、历史文献、文学作品、艺术精品以及传统工艺、民俗节庆等非物质文化遗产，再有 30 多年来茶与茶文化的创新开发，这是书刊出版取之不尽的源泉。

（9）会展。从"茶博会"走向"文博会"。如2013年4月举办的浙江省首届茶文化博览会，是茶文化产品化并将步入产业化的一个具有标志意义的展会。茶文化博览会其实是一个文化创意博览会，既展示上游的内容创意，又展示中游的设计制作，还有下游的营销服务及其衍生产品，如图3—9所示。

图3—9 上海茶叶博览会一览

（10）广告咨询。一批专业品牌与营销策划机构开始崛起。从最早为茶叶设计包装，到后来为企业做形象标识设计，再到营销策划、品牌运行管理，一批专业的策划机构随着中国茶叶产业的发展而成长。

第5节 茶文化与上海

中国茶文化源远流长，在其发展过程中，各地区都沉淀了丰厚的历史资源。本节以上海为例，从中可以了解茶文化新呈现的地域性特点及共同的发展规律。

一、茶饮概述

上海堪称长江口的璀璨明珠，如图 3—10 所示。它不仅属中国大陆海岸线向东伸入大海的部分，还处在东亚大陆海岸线中点；从航运角度看，又几乎坐落于一条自北美西海岸经日本、中国和东南亚的世界环航线路最近点，由此抵北美和西欧的距离大致相等。这得天独厚的地理位置，使上海最有条件成为各种文化交流的枢纽。远在唐代，上海地区就出现闻名遐迩的港口青龙镇（今青浦区旧青浦镇），宋元以降，随着海上贸易的繁盛，上海由镇升县，更是迅速崛起并以"文秀之区"饮誉江南，及至清代，嘉庆《上海县志》记载："上海为华亭所分县，大海滨其东，吴淞绕其北，黄浦环其西南，闽、广、辽、沈之货，麟萃羽集；远及西洋暹罗之舟，岁亦间之。地大物博，号称繁剧，诚江海之通津，东南之都会也。"从中可见，上海早就得风气之先，并有着一定的文化积淀。伴随着经济、文化的兴盛，茶饮进入千家万户，呈现出独特的文化底蕴。

图 3—10 上海新景

1. 明清时期茶饮特点

（1）茶饮随市政建设而兴盛。上海的茶事兴盛，晚于其他许多历史更为悠久的城市。当明代以散茶冲泡法代替了古代制团茶、煎末茶的古茶法之后，上海刚好越过封建社会经济发展的滞缓时期。明永乐之后，上海"衙署建筑增扩不息，寺庙宇观遍布城乡，第宅园林大兴土木"，体现江南园林风格的豪华宅第园林就有80余所。至清同治、道光年间，上海城内已是人口稠密，房屋毗连。这为上海的茶事兴盛，提供了一个广阔的空间。官宦豪绅的聚会宴请，迎来送往，茶是重要的媒介物："无论在公署、在家、在酒楼、在园亭，主人必肃客于门。主客互以长揖礼，既就座，先以茶点及旱烟敬客，俟宴席陈设，主人乃肃客入席……粥饮既上，则已终席，是时可移别室饮茶。"可见当时的官宦豪绅人家，餐前要"客来敬茶"，宴毕还要饮"餐后茶"。

（2）文人雅士品茗得趣。明清时，上海已是文人墨客雅集之地，较为知名的不下三四百人，在书画家之外还有名伶佳优、书院教习，在他们周围还有一批附庸风雅者。这一个不小的知识人群，热衷以茶会友，品茗得趣。比如，在"园中叠石凿池、曲榄雕栏、池宽数亩"的城南"亦是园"中，"夏日游者无虚日""风清月白，远香四闻，团扇轻衫，迎凉斗茗"；在"园林轩敞，花木荫翳"的"点春堂"中，"有司茗者，非佳客至不烹也"；著名的"徐园"常接纳名人雅士相聚，"内有一亭，设炉，专司泡茶，可以自酌"；沪上著名诗人张肃峰"为客善谈，剪灯煮茗，可竟夕弗倦"，大有卢仝遗风；诗文书画皆不俗的漏云和尚，主持峰庵"尤爱艺花，秋来种菊成畦，扫榻煮茗，以供雅流赏玩"。从文人雅士留下的一幅幅"茶事图"中，可以想见当时文人雅士的茶饮习俗。当上海逐步成为近代世界东方大都市时，饮茶已形成了与整个社会生活领域与文学艺术等思想意识领域相融合的海派茶风。

（3）民间饮茶习俗以清饮为特征。在上海的古城内以及四乡八野，以壶泡的清饮特征历经数百年不变，即使青浦"阿婆茶"，也是以一壶清茶，佐以乡间家常食品。上海人历来虽有在茶中置放配佐茶料的习俗，但所配之物绝不粗俗随意。如上海人历来善食桂花，除制作糕点外，还有桂花煎茶，或者在泡茶时加些桂花进去，称为"桂花茶"。大年初一清早，上海人要放"开门爆仗"并燃香点烛以茶果、圆子祭祀天地祖宗，一大清早还要喝"元宝茶"。元宝茶的饮法表现了上海人追求茶真香实味的清饮特色。

2. 旧上海茶馆

明清时期，上海地区就有不少旧式茶馆。鸦片战争以后，上海开埠通商，百业骤兴，新型的茶馆也应运而生。《清稗类抄·茶肆品茶》中记载："上海之茶馆，始于同治初三茅阁桥沿河的丽水台。其屋前临洋泾浜，杰阁三层，楼宇轩敞。南京路有一洞天，与之相若。"这种宏丽的洋式茶馆的出现，揭开了中国茶馆史上新的一页。不久以后，这种茶馆像雨后春笋般地破土而出，其中著名的有福州路上的阆苑第一楼和青莲阁、南京路上的陶陶居和易安居、城隍庙内的春风得意楼等。老上海南京路的全安茶楼如图 3—11 所示。

图 3—11　老上海南京路的全安茶楼

旧上海茶馆的全盛时期为 20 世纪二三十年代，1919 年统计，上海当时共有茶馆 164 家，其中尤以南京路、福州路、法大马路（今金陵东路）以及城隍庙内最多。抗日战争后，由于历史条件和时代气氛有新变化，兴隆的茶市呈萎缩趋势，一部分茶馆被咖啡馆所代替。

旧上海的茶馆之所以能够昌盛一时，主要有以下 3 个原因：

（1）多种功能，多种经营。近代的上海茶馆，多数都兼营商业和饮食业，如早期设在广东路上的同芳茶居；有些茶馆辟有书场，让茶客一边啜茗，一边听书；有些茶馆如阆苑第一楼还设有弹子房，很像一所"娱乐总汇"；有些茶馆成为某个行业的交易场所。多种经营使茶馆更具有吸引力，也保证有较多的营业收入。

（2）分档经营，丰俭随意。清末，春风得意楼供上等绿茶每碗 26 文，中等绿茶每碗 20 文，次等绿茶每碗 14 文；除茶资以外，每位茶客需付小账 3 文。这是较高档次的茶楼。小茶馆要低廉得多。这样，就使消费层次不同的人各有品饮的地方。

（3）环境宽松，雅俗共享。文化人可以琴棋书画、诗词歌赋，在这里举行"文明雅集"；有闲者可以拎着鸟笼，使茶馆内鸟声啁啾，成为养鸟人的俱乐部；文艺爱好者可以在此听书赏曲；各行各业的商人则可以在此洽谈生意。茶馆是一个信息灵通、文化气息浓郁、民情民俗汇集之点。

旧上海"老虎灶"茶馆也众多，如图 3—12 所示。老虎灶从 20 世纪 20 年代开始兴起，不仅遍布旧上海的大街小巷，而且一直延续到新中国成立后直至改革开放初期。随着上海煤气的普及、单位饮水电器化和大批旧城区改造，老虎灶逐渐失去主顾，生意清淡，才逐渐消失。

图 3—12 老虎灶茶馆

二、茶文化底蕴

历史上，上海地区有较厚实的茶文化底蕴。除了茶馆文化以外，还有以下 8 个主要方面。

1. 佘山产茶

明万历以前，佘山一带出产过好茶，以后历代种茶、产茶，茶名"本山茶"，清康熙南巡到佘山后更名为"兰笋茶"。因为产量有限，其味清香，"而购之甚难，非贵游及与地主有故交密戚者不可得；即得亦第可以两计不可以斤计，殊难与他茶价并低昂也"（叶梦珠《阅世编·食货》）。据记载，上海地区种茶，除佘山外，还有神山等处。现佘山的 27 亩茶园（见图 3—13），均为 20 世纪 70 年代后种植。

图 3—13 上海佘山茶园

2. 宜茶好水

吴淞江（苏州河）水曾作为宜茶好水而名载史册。唐代的《煎茶水记》记载了陆羽和刘伯刍鉴水试茶故事。陆羽以自己的实践，把天下水品分作二十等，吴淞江水列第十六等；最早提出鉴水试茶的唐代刘伯刍，根据游历所到，分列出水品有七等，吴淞江水为第六。不论前人品水的结论是否正确，源于太湖的吴淞江水原先清澈甘软、宜发茶香，当是无疑的。另外，静安寺的涌泉和大金山的寒穴泉，在历史上都是名家评定的优质水，留有不少鉴水用茶的佳话。

3. 传统茶俗

青浦地区的"阿婆茶"是市郊乡民传统饮茶习俗的遗存。在当地农村的老人当中，至今保留着古老而别有情趣的喝茶方式——"炖茶"。炖茶是用烂泥和稀后涂成风灶，用干菜箕、豆萁之类烧煮，陶瓷瓦罐做锅盛水。上海古属吴越，江浙一带的饮茶习俗均在上海流行，如新春时节盛行的"元宝茶"，婚嫁喜事的"红糖茶"，佘山一带将美茶与佳笋结合起来形成以笋茶迎客的独特风俗等，均为传统茶俗。开埠后的上海市镇，大量移民的涌入也带来了各地的饮茶习俗。

4. 茶叶贸易

上海开埠以来，便是我国出口茶叶最大的集散地，在对外贸易中占有很大比例。据史料记载，旧上海的茶叶出口由外洋商行、国民党政府及其官员投资的茶叶公司和私商分头经营，出口量约占全国的1/2。当时上海茶叶出口商共有108家，其中外商洋行有10多家。1949年7月，上海成立华东区茶叶进出口公司，作为专业外贸公司。至1998年年底，已累计出口茶叶154万吨，创汇近35亿美元，出口商品销往80多个国家和地区。

5. 茶叶经营

如同上海茶馆一样，上海的茶叶经营店也以其"天下茶叶荟萃，经营灵活多变"而呈现兼容并蓄、博采众长的海派文化特色。上海地区最早的茶叶店，当追溯到唐天宝十年（公元751年）时的青浦东北部青龙镇。作为古代上海地区唯一交往集会的地方，青龙镇不仅茶楼、酒肆鳞次栉比，也有专卖茶叶的店铺。上海开埠后，苏、浙、皖等地茶人涌入申城。这些茶人惨淡经营、推销茶叶的历史构成民族工商业艰难发展的一部分。如上海现存最古老的茶叶店——程裕新茶叶店，历经150多年沧桑，几易店主，但传统经营特色不变，茶叶、茶具品种繁多，如图3—14所示。

6. 著书立说

上海名人汇集，有关茶的典籍、著作不断面世。如明代中晚期，在茶香氤氲中，以董其昌、陈继儒为代表的松江文人创造了一个在全国有重大影响的文化高峰，书画、诗文创作繁荣的同时，也出现了4种研究茶事的著述，分别为《茶录》一卷，冯可时[明松江府华亭、今上海市松江区人，隆庆五年（1571年）进士]撰；《茶寮记》一卷，陆树声（1509—1605年，松江府华亭人）

图3—14 老上海的茶叶店

撰；《水品》二卷，徐献忠（1483—1559 年，松江府华亭人）撰；《茶董补》二卷，陈继儒（1558—1639 年，松江府华亭人）撰。陈继儒还又撰有《茶话》。又如，民国时期几部重要茶学著作几乎都是在上海出版的。主要有：①《中国茶叶》，综合性手册，赵烈编著，上海大东书局，1931 年 8 月出版。②《中国茶叶复兴计划》，茶学专著，吴觉农、胡浩川著，商务印书馆，1935 年 3 月出版。③《古今茶事》，资料集录，胡山源编撰，上海世界书局，1941 年出版。④《茶树栽培学》，大学教科书，陈椽著，上海新农企业股份有限公司，1948 年 7 月出版。近 30 年来，上海编著的茶文化、茶科学的书、刊、论文集逾百种，比较重要的有《吴觉农选集》（上海科学技术出版社，1987 年 2 月出版）、《中国茶经》（上海文化出版社，1992 年 5 月出版）等。

7. 行业茶会

盛行近代的行业茶会成为众多商家洽谈生意的一种手段。商人们凭借雄厚的物质基础，各行各帮一般都有自己的茶会，无形之中根据行业划分茶楼作为活动地点。这些茶会将饮茶与经商融为一体，在某种程度上反映了当时的社会经济和文化的综合水平。它适应市场经济的需求，在一定程度上促进上海经贸市场的发展。随着近代社会经济的进一步发展，形形色色的商品交易所逐步取代茶会，但茶会文化的魅力仍存，一直没有消失。现在的茶馆、茶艺馆仍是商人洽谈生意的理想场所。

8. 文化艺术

繁荣发达的茶市场，使得茶与其他文化艺术形态紧密结合，绽放出众多艺术之花。如上海一度名气很响的"丹桂茶园""泳仙茶园"等是曲艺、戏剧演出的重要场所。其他不少茶馆也经常有戏曲演出。故有人形象地称"戏曲是用茶汁浇灌起来的一门艺术"。茶与小说的关系也十分密切，在《海上繁华梦》和《子夜》等反映上海历史的文学作品中，都有对上海茶事多方面的描述。鲁迅、茅盾、周建人等文化名人大多与茶有不解之缘，在其文学作品中有不少记载。几乎在所有文学艺术形式中都有茶的形象、茶的芬芳。另外，上海还有众多的茶文化资料集藏者、爱茶人和品茶人，有大量可以流传于世的故事资料。

三、茶文化品牌

上海当代茶文化复兴之路，所经历的阶段和事象表现，大体与许多省市同步，同时还得到相邻如浙江等省市的帮助，但也因海派文化的浸润，呈现出鲜明的地域特点。近30年来，得益于上海市茶叶学会的奋发开拓和文化、教育、科技、商业等界及政府部门的共同扶持、推广，已经逐渐形成了五大茶文化品牌。

1. 上海国际茶文化节

上海国际茶文化节（2010年起易名为"上海国际茶文化旅游节"）是经国家文化部批准的茶文化大型节庆活动，从1994年4月17日举办首届起，每年都要举办一届（见图3—15）。它以弘扬中华民族文化、传播民族高雅艺术为主旋律，突出茶文化主题，每届都举行茶文化学术研讨、茶文艺演出和工艺品展示、茶乡旅游、茶文化进社区等各种茶文化交流、评选、竞赛等活动，不断开拓茶文化外延，丰富茶文化内涵，体现茶文化节的国际性和群众参与性。如学术研讨会或论坛就先后对吴觉农茶学思想、茶文化底蕴、茶文化与精神文明建设、都市茶文化、茶与健康生活、新世纪的绿色饮料、茶文化与2010年世博会、中国茶产业与经济全球化、链接世博——做大做强中国茶产业等重大课题进行探讨，从理论上指导了上海茶文化的健康发展；"十项中华茶文化申城之最"（1995年）、"'东方茶珍'杯茶文化知识大赛"（1996年）、"上海少儿茶艺邀请赛"（2000年）、"家庭茶艺大赛"（2001年）、"上海首届茶席设计展"（2005年）等，也都对全社会普及茶知识、弘扬茶文化起到了巨大的示范、引导作用。

图3—15 2009年上海国际茶文化节期间举办的专题研讨会

2. 少儿茶艺活动

1992 年 8 月上海第一支少儿茶艺队成立后，少儿茶艺活动立即引起社会重视。在上海实施素质教育和课程教材改革的背景下，教育部门逐步将少儿茶艺列为校外活动课程，成为培养学生创新精神和实践能力、促进学生快乐成长、全面发展的重要载体。经 20 多年持续发展，上海少儿茶艺活动已呈现出创新于全国的新特点：少儿茶艺活动已纳入上海市中小学拓展课程，形成了以上海市校外教育茶艺中心教研组为教学研讨中心，以黄浦区青少年活动中心和闸北区青少年活动中心为两大培训基地，以洛川东路小学、永和路小学、回民小学、格致中学等为代表的 10 大特色茶艺学校，及 40 多所开展校外教育少儿茶艺活动的中小学挂牌学校、全市 70% 以上的中小学校都有茶艺自创特色课程的新格局；每年有 90% 的学校组织学生参与国际茶文化节活动和各市、区级茶艺展示比赛活动，成为上海一张重要的茶文化名片。许多早期的小茶人在进入大学或工作单位后，还把茶艺带进大学或单位，组织成立各种茶社、茶艺表演队等，继续传播茶文化知识与技能。图 3—16 为少儿茶艺大赛图片。

图 3—16 少儿茶艺大赛

3. 茶业职业培训教育

上海于 1998 年 9 月在海艺职业学校开出第一期茶艺班。2001 年 10 月茶艺师

（包括茶叶审评师）列为社会力量办学专业设置标准开发项目后，茶艺培训也就逐步进入培训指导中心专设的课堂并逐渐成为不少学校开办的教学项目。10多年来，职业培训已为茶文化产业输送了大量的专业人才，这对优化茶文化产业人才结构、资源配置及茶业经济繁荣发展等具有重大意义。图3—17为上海市茶业职业培训中心组织高级茶艺师班学员赴宜兴考察紫砂工艺图片。

图3—17 考察紫砂工艺

4."茶文化进社区"活动

从20世纪90年代至今，"茶文化进社区、茶艺进家庭"一直成为上海国际茶文化节组委会和上海市茶叶学会等机构、社团推进茶文化健康发展的重要任务。如在20世纪90年代，主办上海国际茶文化节的闸北区从区政府到各街道社区都重视"一街一品"茶文化特色活动项目创建，其中共和新街道"马大嫂茶艺"、天目西街道"千户茶对联"、宝山路街道"茶故事演讲"、芷江西街道"聋哑人茶座"等，在当时有较大社会影响。21世纪以来，"茶文化进社区"活动持续在许多区、街道开展，其中闸北区（今静安区）临汾街道的"馨悦茶社"、共和新街道茶艺推广中心及徐汇区长桥街道、杨浦区平凉街道等社区的茶文化培训都有一定知名度。

5."当代茶圣"吴觉农纪念场所

上海是被誉为"当代茶圣"的吴觉农曾经工作、生活过18个年头的地方，留有丰富的遗迹。1991 年 7 月 10 日开馆的上海宋园茶艺馆（上海首家以"茶艺馆"冠名的茶馆）在收集大量珍贵史料的基础上，结合上海首届国际茶文化节筹备，于 1994 年 4 月建成了"当代茶圣吴觉农先生在上海陈列室"并作为第一届"国际茶文化节"的重要文化展示项目，于当月 17 日"宋园"二楼正式揭牌。现坐落在曹安路百佛园里的当代茶圣吴觉农纪念馆是上海市茶叶学会 2005 年春建成，并于当年 4 月 14 日与吴觉农茶学思想研究会联合召开纪念当代茶圣吴觉农诞辰 108 周年大会时正式开馆。这些年来，吴觉农纪念馆每年都要举办数项重大文化活动，如连续举行的吴觉农诞辰纪念活动、先后多次举办的吴觉农茶学思想研讨会、2008 年举行的钱樑先生仙逝 15 周年追思会等，还接待各方面人士参观访问，在全国茶界享有一定声誉。

茶文化品牌的创建凝聚着上海茶文化工作者、爱好者的集体智慧，较好地体现了上海"海纳百川、追求卓越、开明睿智、大气谦和"的城市精神。但品牌的形成不是一劳永逸的，随着时代的发展，品牌也需要与时俱进地巩固与提升，根据时代变化和社会需求，还需要创建新的茶文化品牌。

思考题

1. 茶文化的基本含义有哪些方面？

2. 茶文化的基本特征包括哪些？

3. 为什么称魏晋南北朝为茶文化的萌芽时期？

4. 哪些主要原因促使了唐代茶文化的形成？

5. 唐代茶文化形成有哪两点主要表现？

6. 为什么说"茶兴于唐而盛于宋"？

7. 明代茶文化有哪 3 个鲜明特点？

8. 清代茶文化有哪 3 个鲜明特色？

9. 简要阐述当代茶文化近 30 多年来各个阶段的主要特点及表现。

10. 当代上海茶文化已形成哪些有特色的茶文化品牌？

第4章
茶艺基础

引导语

茶艺是茶事与文化的结合体，是修养和教化的一种手段，是饮食风习和品茶技艺的结晶。"仓廪实而知礼仪"，随着物质生活的不断提高，人们对精神生活的需求愈加彰显，陶冶性情的茶艺正逐渐融入都市人的休闲生活，渐渐被人们所了解和采用；越来越多的人从茶中感受平和、追求宁静，享受茶所带来的怡然自得，体会人生真谛。

本章着重介绍茶艺的概念，以及茶的冲泡要领和品饮艺术等基础知识。

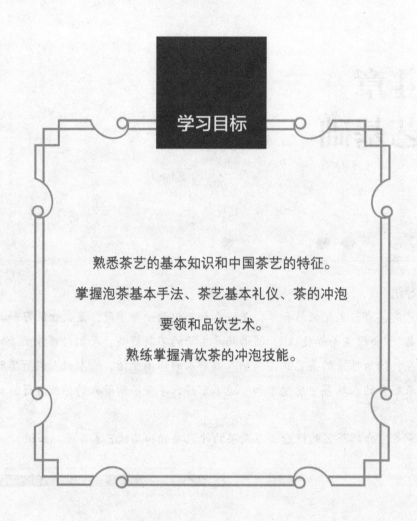

学习目标

熟悉茶艺的基本知识和中国茶艺的特征。

掌握泡茶基本手法、茶艺基本礼仪、茶的冲泡

要领和品饮艺术。

熟练掌握清饮茶的冲泡技能。

第1节 茶艺概述

　　茶艺，是一门生活之艺，是以泡茶的技艺、品茶（见图4—1）的艺术为主体，并与相关艺术要素相结合而形成的一种生活艺术活动。

图 4—1　品茶

　　泡茶与品茶是一个过程的两个方面，或相互联系、贯通的两个阶段。假如把"泡茶"喻为创作，那"品茶"就是对创作成果的鉴赏、体味与升华。茶艺在意识上，与民族精神、社会道德、伦理等相一致；在文化艺术上，与诗文、音乐、书画等多种文化艺术样式相融通；在物质上，与器具、食品乃至建筑相配合。因此，中国茶艺具有很大的包容性和渗透力，经过长期的继承与发展，形成了富有中华民族特色并具有积极意义的生活习俗。其文化结晶是中国优秀传统文化的组成部分。

　　茶艺源于生活，高于生活，又返照于生活。它存在于千家万户的生活之中，又从千家万户中走出来，随历史发展而前进，在社会生活的运动中熔炼而成。因此，茶艺是中华民族长期饮茶生活实践和千百万嗜茶者潜心研究、总结，并随社会发展而形成的硕果。无疑，茶艺涵盖雅俗各个层面，具有广泛的社会性。

一、茶艺的定义

茶艺是茶艺师与品茶者将泡茶和品茶活动由物质层面上升到精神层面过程的总称，通俗地讲，就是研究如何泡好一壶茶的技艺和如何享受一杯茶的艺术。

茶艺一词源于20世纪70年代的台湾。现已被海峡两岸茶文化界所认同、接受，并深受海内外茶文化爱好者喜爱。虽然茶艺20世纪80年代后才盛行于全国，但早在唐代陆羽的《茶经》，宋代蔡襄的《茶录》、赵佶的《大观茶论》，明代朱权的《茶谱》、张源的《茶录》、许次纾的《茶疏》等古代茶书中就记载了与茶艺相关的内容，可见中华茶艺源远流长。

1. 茶艺与茶道的区别

历史上只有茶道这一概念。千百年来，人们习惯于把精到的泡茶、品茗称为茶道。茶道在包含茶的沏泡、品饮的同时，体现了茶在思想与文化中的升华。

茶艺是时下人们赋予中国传统茶饮之艺的一个现代名词。它反映了新的时代条件下，人们对这一传统生活内容的新追求，是一个充满希冀、追求又十分贴切的概念。

茶艺与茶道很难从概念上严格而又详尽地界定。但在现实生活及茶饮研究中，人们已约定俗成地做出了区别运用。其中，当强调精神方面，特别是联系道德、修养层面时，多用"茶道"一词；而偏重泡茶、品茶技艺、经验、体味时，常用"茶艺"一词。这两个词在词的色彩上，茶道较浓郁地体现中华民族的传统，有较强烈的历史感；而茶艺更具现代感，具有对高品位茶饮生活追求的时代情感。

2. 茶艺与其他艺术样式的区别

茶艺是生活的艺术，是一般饮茶生活的提高，是人们对日常生活素质的追求，它仍然体现在日常的生活之中，它源于生活，存在于生活，是生活中高品位的表现。其他艺术样式与茶艺不同，它们源于生活、高于生活，是生活的典型化。茶艺不像其他艺术样式可以对生活加以概括、集中、提炼、抽象。从某种意义上说，茶艺与汉字书法有某种相像。书法的基本形态是写字，但又不同于一般的书写，是书写高境界的表达，具有艺术性和美学意义。

二、中国茶艺的特征

茶艺因茶而生，茶艺也就因茶的种植、加工、饮用等诸多因素而构成鲜明的特征。

1. 中国茶艺的地域性

产茶受地域条件制约，因不同的气候地理条件而产出各式茶品，而不同地区不同的文化背景，又使人们对各式茶品产生不同喜好，特别在交通不发达，文化水平低下，缺乏快捷传媒、通信的情况下，地域的茶艺特色可以代代延续长期不变，呈现出浓郁的地方色彩。茶艺的地域性使茶艺在不同地区均表现出浓重的本土文化特征。

2. 中国茶艺的多样性

中国是个多民族国家，各民族均拥有体现本民族习俗、风气、情感的特色茶艺，从而形成茶艺的多样性。各民族的茶艺特色一般缘于以下几个原因。

（1）生理需求及生活方式。如藏族的酥油茶（见图4—2）和西部游牧地区的紧压茶，其茶艺的基本形态较多地强调生活实用的一面。

图4—2 *藏族酥油茶*

（2）以茶示礼，表达本民族的情感。如云南白族的"三道茶"，把人生先苦后甜、体察人生的哲理溶于茶的泡饮之中。

（3）体现追求高雅和修身养性。如南方地区汉族的清饮法，旧式高档茶馆的名茶名品及特色茶具的运用。

（4）运用茶饮的社会功能。如客来敬茶、茶馆饮茶会友和茶会茶宴等形式。

（5）各民族地区文化、经济发展影响。文化发展快的民族，茶饮不断雅化，经济发展快的地区，茶饮更优化。以储藏茶叶的器具而论，汉民族特别是经济、交通发达的汉民族地区，很早用锡罐、瓷瓶、铁盒等储茶，而有的少数民族地区用竹筒烤茶储茶，皆因经济物质之差别的原因。

3. 中国茶艺的广泛性

中国的茶上下几千年，广传千万里，早已经融入了人们的日常生活，形成开门七件事——柴米油盐酱醋茶。中国的茶饮是最普通、最普遍的生活现象。因此，不论茶艺在其发展道路上包含了多少文化与物质的因素，但从不妨碍寻常百姓家就一杯粗茶寻一份闲暇，也没有制约上层社会驱金使银把茶艺推向奢华的地步。

三、茶艺的分类

我国地域辽阔，民族众多，饮茶历史悠久，各地的茶风、茶俗、茶艺繁花似锦，美不胜收。真所谓，中华茶艺百花齐放，不拘一格。一般按茶艺表现的主题内容可分为以下几类。

1. 宫廷茶艺

宫廷茶艺是古代帝王为敬神、祭祀、日常起居或赐宴群臣时举行的茶艺。唐代的清明茶宴、宋代的皇帝视学赐茶、清代的千叟茶宴及乾隆自创的三清茶宴等均属宫廷茶艺。宫廷茶艺的特点是场面宏大、礼仪烦琐、气氛庄严、茶具奢华、等级森严，并往往带有政治教化和政治导向等色彩。自古以来上有所好，下必甚焉。在历史上，宫廷茶艺对促进我国茶艺的发展有重大推动作用。

2. 文士茶艺

文士是我国茶文化的主要传播者，"自古名士皆风流"，文人们视"琴棋书画诗曲茶"为文士风流的符号，其中茶通六艺，备受喜爱。文士茶艺的特点是文化气息浓郁，品茶时注重意境，茶具精致典雅，表现形式多样，常和清谈、赏花、读月、抚琴、吟诗、联句、玩石、焚香、弈棋、鉴赏古董字画等相结合。文士茶艺常以"清"为美，才子们或品茗论道，示忧国忧民之清尚；或以六艺助茶，添茶艺之清新；或以茶讽世喻理，显儒士之清傲；或以茶会友，表文人脱俗之清谊。总之，文士茶艺气氛轻松活泼，深得中国茶道"和静怡真"之真谛。

3. 民俗茶艺

我国是一个有 56 个民族相依共存的民族大家庭，各民族对茶虽有共同的爱好，但却有不同的饮茶习俗。汉族以清饮为主，而少数民族则偏爱调饮。内蒙古奶茶、藏族酥油茶、维吾尔族香茶、回族罐罐茶、土族熬茶、傣族竹筒茶、白族三道茶……各地区、各民族的饮茶方式多姿多彩，把这些茶风茶俗升华为茶艺，既可极大地丰富民众的物质生活和精神生活，又可以与发展旅游业形成良性互动。同时，民俗茶艺常和民族音乐、民族服装、民族歌舞、地方特色小吃相结合，深得广大群众的喜爱。

4. 宗教茶艺

我国政府主张宗教信仰自由，而宗教茶艺对于构建和谐社会有着积极意义。早在一千年前，闽王王审知请教扣冰和尚如何治国，扣冰和尚说："以茶清心，心清则国土清。以禅安心，心安则众生安。"国土清、众生安，社会自然就和谐了。当前常见的宗教茶艺有禅茶、礼佛茶、观音茶、太极茶、道家养生茶等。宗教茶艺的特点是特别讲究礼仪，气氛庄严肃穆，茶具古朴典雅，强调修身养性或以茶示道。

5. 时尚茶艺

时尚茶艺是指我国茶文化复兴过程中，在传统的饮茶方式的基础上不断融入现代元素，创编出的新茶艺，如浪漫音乐红茶、十二星座茶、时尚花草花朵茶、新配方养生茶等。

此外，还有一些国外引进的茶艺。我们主张，从一碗茶中能品味出当代中国茶人海纳百川的包容之心。人类文化艺术无国界，近年以来，我国引进的海外茶艺主要有英式下午茶、印度拉茶、美国夏威夷冰果茶，以及韩国茶礼、日本茶道等。

茶艺是一门唯美是求的生活艺术，只有分类深入研究，不断发展创新，茶艺才能走下表演舞台，进入千家万户，成为当代民众乐于接受的一种健康、诗意、时尚的生活方式。

四、中国主要民族茶艺

中国是一个多民族的大家庭。由于各民族所处地理环境不同，历史文化有别，生活风俗各异，因此，饮茶习俗各有千秋，泡茶和品茶技艺千姿百态。

1. 汉族的清饮法

汉族人饮茶，无论是江南人喜饮绿茶，北方人喜饮花茶，南方人喜饮青茶，某一地区的人喜饮红茶或黄茶等，一般都推崇清饮，其基本方法就是直接冲泡茶叶，无须在茶汤中加入佐料。清饮一般都比较讲究选茶、择水、备器、冲泡、品尝各个环节，并形成众多茶艺，如品龙井、啜乌龙、吃早茶、喝大碗茶等。

2. 维吾尔族的奶茶和香茶

维吾尔族人分散居住于新疆天山南北。南疆人爱喝香茶，北疆人喜喝奶茶。无论香茶和奶茶，不仅都有一套独特的烹煮技艺和饮用方法，而且也很讲究以茶敬客的礼仪。

3. 藏族的酥油茶

喝酥油茶是藏民的传统习俗，特别在接待尊贵客人时，藏民总以献上酥油茶表示对客人的敬意。烹制酥油茶有一套特定的程序，喝酥油茶也极为讲究茶具搭配和在不同场合的敬客、饮用之道。

4. 蒙古族的盐巴茶

蒙古族人素以游牧为主，以牛羊肉为主食，只有到傍晚收工回家才能团聚在一起吃顿餐，因此形成了"三茶一饭"的饮食习俗，早、中、晚都要喝茶。茶是加盐巴的奶茶，俗称盐巴茶。到蒙古族人家做客，主人都要敬茶，并说："浅乌"（喝茶）!

5. 回族的罐罐茶

西北地区的回族人多信奉伊斯兰教，伊斯兰教戒律森严，酒是禁用的，而茶是被提倡的。伊斯兰教认为茶能给人一种道德的修炼，使人宁静。回族人多饮用罐罐茶，方法是在粗陶罐中煮茶，有一定的煮饮技艺。

五、台湾地区和港、澳特区茶艺

1. 台湾地区茶艺

现代茶艺自 20 世纪 70 年代末在台湾兴起后，经 30 多年的倡导、推广，茶艺已与人们的生活习俗紧密相关，兼具实用性和艺术性。人们享用时，只要按照各自的爱好，选择优质的茶叶、合适的茶具和适当的场所，并注重冲泡方法及品饮情趣的追求，就可以进入茶艺境界，享受茶艺的韵味。

2. 港、澳特区的茶艺

香港的饮茶市场十分兴旺，几乎家家光顾，人人有份。香港人所谓的饮茶，不是单纯喝茶，而是喝茶与吃点心相结合，它来自广东的"吃早茶"，也就是所谓的"一盅两件"。近年来，香港人对茶艺颇有热情，闲时流行"叹茶玩紫砂"。"叹茶"是享受茶的意思，是以品茶来享受人生；"玩紫砂"是指对陶瓷艺术有兴趣，制壶、藏壶、玩壶是许多人的生活乐趣。澳门同胞饮茶历史悠久，近几年也开始倡导茶艺。

六、中国茶艺发展简述

中国茶艺有一个漫长的发展过程。茶兴于唐，茶艺在唐代发展到了一个新阶段。中唐以后，饮茶"殆成风俗"，形成比屋之饮。具有民族特点的茶艺，既是一种生活形式，也成为一种文化形态。从唐代开始，有代表性的茶艺有以下几类。

1. 唐代陆羽《茶经》煮茶法

唐代煮茶如图 4—3 所示。

图 4—3 唐代煮茶

（1）炙茶。即烤炙饼茶，茶饼不能用烈火猛烤，要求炙热均匀，内外烤透。

（2）末之。烤好的饼茶以纸囊储之，然后用碾茶器碾成细小的颗粒状，要求所碾茶末不粗不细。

（3）取火。火要活火，以炭为上，次用劲薪。

（4）选水。水要宜茶的真水，"用山水上，江水中，井水下"。

（5）煮茶。包括烧水和煮茶。烧水：一沸，水"沸如鱼目，微有声"；二沸，"缘边如涌泉连珠"；三沸，"腾波鼓浪"；再煮，则"水老不可食也"。煮茶："出水一瓢以竹夹环激汤心，则量末当中心而下。有顷，势若奔涛溅沫，以所出水止之，而育其华也。"

（6）酌茶（即用瓢将茶舀进碗里）。第一次煮开的水，"弃其沫之上有水膜如黑云母"，舀出的第一道水，谓之"隽永"，"或留熟盂以储之，以备育华救沸之用"；以后舀出来的第一、二、三碗，味道差些；第四、五碗之外，"非渴甚莫之饮"。酌茶时，应令沫饽均，以保持各碗茶味相同。煮水一升，"酌分五碗，乘热连饮之"。一"则"茶末，只煮三碗，才能使茶汤鲜美馨香；其次是五碗，至多不能超五碗。

2. 宋代蔡襄《茶录》点茶法

宋代点茶如图4—4所示。

（1）炙茶。烤炙饼茶。

（2）碾茶。用碾茶器将茶碾成细小的颗粒状。

（3）罗茶。碾好后迅速筛罗，"罗细则茶浮，粗则末浮"。

（4）候汤。候汤最难，未熟则沫浮，过熟则茶沉。

（5）熁盏。"凡欲点茶，先须熁盏令热，冷则茶不浮。"

（6）点茶。"钞茶一钱七，先注汤调令极匀。又添注入，环回击拂，汤上盏可四分则止。视其面色鲜白，著盏无水痕为最佳。"

（7）茶具。主要有茶焙、茶笼、砧椎、茶钤、茶碾、茶罗、茶盏、茶匙、汤瓶。

图4—4 宋代点茶

3. 明代钱椿年《茶谱》瀹茶法

（1）择水。煎茶的水如果不甘美，会严重损害茶的香味。

（2）醒茶。烹茶之前，先用热水冲洗，除去茶的尘垢和冷气，这样烹出的茶水味道甘美。

（3）候汤。煎汤须小火烘、活火煮。活火指有焰的木炭火。煎汤时不要将水烧得过沸，才能保存茶的精华。

七、中国茶艺与各国茶艺的关系及比较

溯本求源，世界的茶名、读音和饮茶方法，都源自中国。全球性文化交流，使茶文化传播世界，同各国人民的生活方式、风土人情乃至宗教意识相融合，呈现出五彩缤纷的世界各民族饮茶习俗以及相应的茶艺。比较有代表性的有亚洲地区、非洲地区和欧美地区等。

1. 亚洲地区

（1）日本的茶道（见图4—5）。从唐代开始，中国的饮茶习俗就传入日本，但一直到明代，才真正形成独具特色的日本茶道。日本茶道的宗教（特别是禅宗）色彩很浓，并形成严密的组织形式，茶道的表演也非常严格，对日本民众日常饮茶的普及没有产生直接影响。

图4—5 日本茶道

18世纪以后，日本茶道遵循的是我国宋元时期混用的末茶点服和叶茶泡饮法，日本民众则流行煎茶法，即采叶后放进热锅煮，杀青后晒干备用，饮用时再投入锅里煮饮。19世纪后半叶以后开始采用茶壶冲泡法。现在，又形成饮用中国乌龙茶、龙井茶、普洱茶、花茶的高潮，重在品饮的中国茶艺已渐渐被日本茶界认同。

（2）韩国的茶礼（见图4—6）。韩国是最早从我国引进饮茶技艺的国家之一。茶礼与日本茶道有些雷同，饮茶技艺上有末茶法、饼茶法、钱茶法、叶茶法四种，每种类型的煮泡方法都和我国茶艺有相似之处。如叶茶法，归纳起来共有迎客、茶室指南、茶具排列、温茶具、投茶、注茶、吃茶、茶果、二巡茶、整理茶室10个步骤，其中温茶具、投茶、注茶、吃茶等就相近于我国茶艺中的叶茶冲泡程序。

图4—6 韩国茶礼

（3）东南亚国家流行的饮茶法。马来西亚、新加坡等国受汉文化影响较深，习惯清饮乌龙、普洱、花茶，茶艺与我国南方相仿或相近。泰国、缅甸和我国云南一些少数民族相似，习惯吃"腌茶"，这是中国古代"茶菜"文化的古风遗俗。南亚的印度、巴基斯坦、孟加拉国、斯里兰卡等国大都仿效英式饮茶法，饮甜味红茶或甜味红奶茶。印度拉茶如图4—7所示。

（4）西亚地区国家流行的饮茶法。土耳其、伊朗、伊拉克等国喜饮浓味红茶，基本饮茶法为：沸水冲泡，再在茶汤中添加糖、奶或柠檬共饮（这也是海外较普遍的饮法）。中西亚的阿富汗，习惯煮饮糖茶，红绿茶兼饮，以绿茶居多。

图 4—7 印度拉茶

2. 非洲地区

非洲地区以西北非的"薄荷糖茶"为代表。薄荷糖茶是摩洛哥、毛里塔尼亚、阿尔及利亚、马里、塞内加尔、冈比亚、布基拉法索、尼日尔、利比里亚、贝宁、塞拉利昂及撒哈拉等国（地区）民族的饮茶方式。煮饮薄荷糖茶有一套程式和专用茶具，所用茶叶主要是我国珍眉、珠茶等绿茶，煮饮过程中的一些技艺和礼节源自中国古代饮茶法，所以摩洛哥人说"我们身上血液里都有中国绿茶成分"。

3. 欧美地区

欧美地区以英国的英式饮茶法为代表。1517 年，葡萄牙人从中国带走茶叶，在几十年后饮茶风气已很流行。17 世纪中叶，英国经皇室倡导，贵族群起效仿，饮茶逐渐成为风靡全社会的"国饮"。英国人饮茶多用壶泡，5 分钟后倒汤入杯，加方糖和鲜牛奶，用匙子调饮。英国还将中国茶叶转运美洲殖民地，以后又运销德国、法国、瑞典、丹麦、西班牙、匈牙利等国，英式饮茶法随之也在这些国家流行。一些国家根据民族习惯口味还对英式饮茶法加以改进，形成自己的泡茶技艺。

横跨欧亚两洲的俄罗斯及"独联体"各国绝大部分饮红茶，小镇和农村沿用传统俄式"茶炊"（萨姆瓦特）之遗风，茶炊颇像中国冬季餐桌上的火锅，中空通烟，拧开茶炊的水龙头泡茶入杯，加糖或蜂蜜、果酱、柠檬，有时加点甜酒调饮。近年来，俄罗斯等国也开始盛行我国乌龙工夫茶和绿茶。

我国古代对外交往史有一条辐射至东南西北的"茶叶之路"，它通过陆路和水路将我国的植茶技艺和饮茶技艺传往世界五大洲。现在全世界有饮茶习惯的国家和地区已达160多个，多与中国的茶叶输出和饮茶之风的影响有关。因此，我们可以得出一个结论：中国不但是茶叶的故乡，也是茶艺的发源地。世界有饮茶习惯的国家、地区，无论称为饮茶法还是茶艺，都与中国的茶艺有直接或间接的关系。

第2节　茶艺要领

泡茶，是用开水浸泡成品茶，使茶中可溶物质溶解于水，成为茶汤的过程。泡茶是一门综合艺术，不仅要有广博的茶文化知识及对茶道内涵的深刻理解，而且要具有一定的文化修养，同时深谙各民族的风土人情。正如鲁迅先生曾说的："有好茶喝，会喝好茶是一种清福；不过要享这种清福，首先必须有工夫，其次是练习出来的特别感觉。"否则，纵然有佳茗在手，也无缘领略其真味。

一、茶艺冲泡要领

1."神"是艺的生命

"神"指茶艺的精神内涵，是茶艺的生命，是贯穿于整个沏泡过程中的联结线。沏泡者的脸部所显露的神气、光彩、思维活动和心理状态等，可以表现出不同的境界，对他人的感应力也不同，它反映了沏泡者对茶道精神的领悟程度。能否成为一名茶艺高手，"神"是最重要的衡量标准。

2. "美"是艺的核心

茶的沏泡艺术之美表现为仪表美与心灵美。仪表是沏泡者的外表，包括容貌、姿态、风度等；心灵是指沏泡者的内心、精神、思想等，通过沏泡者的设计、动作和眼神在整个泡茶的过程中表达出来。沏泡者始终要有条不紊地进行各种操作，双手配合，忙闲均匀，动作优雅自如，使主客都全神贯注于茶的沏泡及品饮之中，忘却俗务缠身的烦恼，以茶修身养性，陶冶情操。

3. "质"是艺的根本

品茶的目的是为了欣赏茶的品质。一人静思独饮，数人围坐共饮，乃至大型茶会，人们对茶的色、香、味、形之要求甚高，总希望饮到一杯平时难得一品的好茶。沏泡者要泡好一杯茶，应努力以茶配境、以茶配具、以茶配水、以茶配艺，要把前面分述的内容融会贯通地运用。例如，绿茶的特点是"干茶绿、汤色绿、叶底绿"，沏泡时，能否使"三绿"完美显现，就是茶艺的根本。

4. "匀"是艺的功夫

茶汤浓度均匀是沏泡技艺的功力所在。同一种茶看谁泡得好，即能使三道茶的汤色、香气、滋味最接近，将茶的自然科学知识和人文科学知识全融合在茶汤之中，实质上就是比"匀"的功夫。用同一种茶冲泡，要求每杯茶汤的浓度均匀一致，就必须练就凭肉眼能准确控制茶与水的比例，不至于过浓或过淡。一杯茶的茶汤，要求容器上下茶汤浓度均匀，如将一次冲泡改为两次冲泡就会有较好的效果；在调节三道茶的"匀"度时，则利用茶的各种物质溶出速度的差异，从冲泡时间上调整。

5. "巧"是艺的水平

沏泡技艺能否巧妙运用是沏泡者的水平。沏泡者要反复实践、不断总结才能提高，从单纯的模仿转为自我创新。在各种茶艺表演中，更要具有随机应变、临场发挥的能力，从"巧"字上做文章。

二、茶艺品饮要领

品茶是特殊的生活艺术享受，有丰富的内涵和对美的追求。品茶的内容除观赏泡茶技艺外，还包括品赏茶的外形、汤色、香气、滋味，领略茶的风韵及欣赏品茶环境、鉴赏茶具设施等方面，这些都可称为品茶技艺，也可称之为品茶之道。

1. 领略茶的风韵

在品赏时，先闻茶香，应做深吸气状，整个鼻腔的感觉神经可以辨别香味的高低和不同的香型；然后观看茶汤色泽；最后尝味，小口啜饮，使茶汤从舌尖两侧再到舌根，以辨绿茶的鲜爽、红茶的浓甘，同时也可在尝味时再体会一下茶的香气，如图4—8所示。品赏的鉴别能力需反复实践才能提高，直至精通。经常和有经验的茶友交流，也可以加快提高品茶的能力，感受到各种茶的风格。

图4—8　感受茶的美好

2. 欣赏品茶环境

总结古今品茶经验，品茶环境追求一个"幽"字，幽静雅致的环境，是品茶的最佳选择。茶馆、茶艺馆有的追求典雅别致，有的主张返璞归真，无论如何布置陈列，都要力求雅致简洁，体现宁静、安静、和谐的气氛。境幽室雅，令人流连忘返，从中享受特定文化艺术的乐趣。

3. 鉴赏茶具设施

茶具精美，与好茶、好水珠联璧合，为饮茶爱好者所追求。品茶器具大都兼顾实用性和艺术性，不仅要质地精良，有益于茶汤色、香、味的表现，而且要造型美观，配搭相宜，茶、水、器三美兼备，再加上泡茶技艺的配合，品啜欣赏，更增情趣。品茶赏器，人生乐事，历来备受赞许，如宋代诗人梅尧臣曾有"小石冷泉留早味，紫泥新品泛春华"的绝唱。习茶品茗者，若有点壶艺知识，具备一定的艺术鉴赏能力，一定会观之赏心悦目，品茗时更加心旷神怡。

三、茶艺基本礼仪

人们在交往中互相表示尊敬的形式和仪式称为礼仪。中国是文明古国、礼仪之邦，素有客来敬茶的习俗。茶是礼仪的使者，茶艺师通过在行茶过程中的仪态美来表达内心的美。古人常说欲求诗好，则功夫在诗外。故对于茶艺师而言，注重日常生活中的文化修养、言谈举止，渐渐养成高雅文明的气质是根本所在。

1. 妆容

茶艺之美通过仪表美及内心美来表达，看重的是气质美，以神、情、技动人。茶艺演示时女性一般可以淡妆，表示对客人的尊重，但要以恬静素雅为基调，切忌浓妆艳抹，有失分寸，如图4—9所示。

图4—9 妆容

2. 姿态

姿态是身体呈现的样子。同时姿态的美更重于妆容之美。茶艺演示中的姿态需要从坐、立、跪、行等几种基本姿势练起。

（1）坐姿。挺胸收腹，双肩放松。头上顶，下颌微收，舌抵上颚，鼻尖对丹田，两眼平视。思想安定集中，姿态自然美观。女性双腿并拢，身体稍向前倾，双手自然搭放在双腿中间，右手放在左手上；男性双腿可自然分开，双手分别搭在腿上。切忌跷二郎腿，随意抖动；双手搓动或交叉于胸前，弯腰弓背或低头等。

（2）站姿。站立时头正肩平，挺胸收腹，双肩放松。头部上顶，下颌微收，舌抵上颚，鼻尖对丹田，两眼平视。思想安定集中，姿态自然美观。女性双腿并拢，双手虎口交叉，右手上左手下，置于身前丹田处，不要紧贴身体；男士双脚成外八字稍作分开，双手放于裤外线处自然下垂，手心向内，五指并拢。切忌身体倾向一边，呈"稍息"状态。

（3）跪姿。跪姿分跪坐、盘腿坐、单腿跪蹲，见表4—1。

表4—1 跪姿分类

跪姿分类	说明
跪坐	即日本的"正坐"。双腿并拢双膝跪在坐垫上，双脚背相搭着地，臀部坐在双脚上，挺腰放松双肩，头部上顶、下颌微收，舌抵上颚，双手搭放在双腿上，女性右手在上，男性左手在上
盘腿坐	男性除正坐外，可以盘腿坐，双腿向内屈曲相盘，双手分搭于双腿上。同样双肩放松，身体挺直
单腿跪蹲	右膝盖着地，脚尖点地，左膝与着地的左脚呈直角相屈；其余姿势同跪坐。这一姿势常用于奉茶

（4）行姿。以站姿作为基础。移动双腿，跨步尽量循一条直线行走，保持平稳，上身不可扭动摇摆。双肩放松，头上顶、下颌微收，双眼前平视。女性为显得温文尔雅，可以将双手虎口相交叉，右手搭在左手上，置于身前丹田处，不要紧贴身体；男性行走时双臂随腿的移动可在身体两侧自然摆动，但摆动幅度不宜过大，余同女性姿势。当要回身走时，应面对来宾先退后两步，再侧身转弯，以示对来宾的尊敬。

3. 礼仪

礼仪应当始终贯串于整个茶艺活动中。宾主之间互敬互重，欢美和谐。其中包括鞠躬礼、伸掌礼（见图4—10）、寓意礼等。

图 4—10 行礼

（1）鞠躬礼。茶艺演示开始和结束，主客均要行鞠躬礼。鞠躬礼分站式、坐式和跪式三种。根据鞠躬的弯腰程度又可分为真礼、行礼、草礼三种。

站式鞠躬礼见表 4—2。

表 4—2　几种站式鞠躬礼

站式鞠躬礼	使用场合	说明
真礼	用于主客之间	以站姿准备，将相搭的两手渐渐分开，贴着两大腿下滑至指尖触到膝盖止。同时上半身由腰部起向前倾斜，头、背部与腿身呈 90°，稍作停顿，慢慢收回，以表示真诚的敬意
行礼	用于客人与客人之间	行礼的站式鞠躬要领与"真礼"同，仅双手伸至大腿中部即可，头、背部与腿呈 120°，稍作停顿，慢慢收回
草礼	用于说话前后	草礼的站式鞠躬只将身体向前稍作倾斜，两手搭在大腿根部即可，头、背部与腿身呈 150°，稍作停顿，慢慢收回

坐式鞠躬礼见表4—3。

表4—3　几种坐式鞠躬礼

坐式鞠躬礼	说明
真礼	以坐姿准备，行礼时，将两手沿大腿向前移至膝盖，腰部顺势前倾，低头、抬头、颈与背部呈平弧形，稍作停顿，慢慢收回，恢复坐姿
行礼	将两手沿大腿移至大腿中部，余同真礼
草礼	只将两手搭在大腿根部，略欠身即可

跪式鞠躬礼见表4—4。

表4—4　几种跪式鞠躬礼

跪式鞠躬礼	说明
真礼	以跪坐姿准备，背、颈部保持平直，上半身向前倾斜，同时双手从膝上渐渐滑下，全手掌着地，两手指尖斜相对，身体倾至胸部与膝间只剩一个拳头的空当，身体约呈45°前倾，稍作停顿，慢慢直起上身
行礼	行礼的跪式鞠躬方法与真礼相似，但两手仅前半掌着地，身体约呈55°
草礼	行草礼时仅两手手指着地，身体约呈65°前倾

（2）伸掌礼。它是茶艺活动中应用最多的示意礼。当主泡与助泡之间协同配合时，主客之间敬奉各种物品时都简用此礼，表示"请"和"谢谢"的意思。四指并拢，虎口分开。手掌略向内凹，侧斜之掌伸于敬奉的物品后侧，同时欠身点头，稍作停顿。

（3）寓意礼。茶艺活动中有很多带有寓意的礼节。最常见的为冲泡时的"凤凰三点头"，手提水壶高冲低斟反复三次，寓意是向客人三鞠躬以示欢迎。茶壶放置时壶嘴不能正对客人，否则表示请客人离开；回转斟水、斟茶、烫壶等动作，都遵循向内原则，右手必须逆时针方向回转，左手则以顺时针方向回转，以表达招手"来！来！来！"的意思，欢迎客人来观看；若相反方向操作，则表达挥手"去！去！去！"的意思。大杯斟茶时一般只七分满即可，暗寓"七分茶三分情"之意，俗云"茶满欺客"；二则也便于端杯啜饮。请客人选用茶点，有"主随客意"的敬意。有杯柄的茶杯在奉茶时要将杯柄放置在客人的右手面，所敬茶点要考虑取食方便。总之，应处处从方便别人考虑。

综上所述，在茶艺活动中，各个动作均要求有美好的举止。评判一位茶艺演示者的风度良莠，主要看其动作的协调性与连贯性，具体表现在每一个细小的动作中。行茶过程中每一个动作都要圆活、柔和、连贯，而动作之间又要有起伏、虚实、节奏，做到心、眼、手、身相随，意气相合，泡茶才能进入"修身养性"的境地，观者才能深深体会其中的韵味。

第 3 节　茶艺常用器具

自古至今，我国丰富的饮茶习俗，使茶器具也异彩纷呈、琳琅满目、美不胜收。更有精致到令人叹为观止者，无法一一描述。在此仅从现代茶艺的基本需要出发，介绍一些常用茶艺器具的种类与特点。

一、饮茶用具

饮茶用具包括两类，即泡茶用具和盛茶用具，如图 4—11 所示。

一般而言，必备的泡茶用具是茶壶和茶盏；必备的盛茶用具为茶杯、杯托、茶盘，

图 4—11　茶具

还有公道杯、闻香杯等。

1. 茶壶

茶壶主要用于泡茶，也有直接用小茶壶来泡茶和盛茶，独自酌饮的。茶壶由壶盖、壶身、壶底等部分组成，壶身上还有把和嘴；壶盖上有钮。泡茶时，茶壶大小依饮茶人数多少而定。茶壶的质地很多，目前使用较多的是紫砂陶或瓷器茶壶。此外，还有石茶壶、脱胎漆茶壶等。

2. 盖碗

盖碗又称三才杯。在广东潮汕地区泡工夫茶时，多用小盖碗（110~150毫升）作泡茶用具，一般一盏工夫茶，可供3~4人用小杯啜茶一巡。江浙一带，以及西南地区和西北地区，又有用盖碗（200~250毫升）直接作泡茶和盛茶用具，一人一盏，富有情趣。茶盏通常有盖、碗、托三件套组成，多用瓷器制作，也有用紫砂陶、玻璃制作的。

3. 公道杯

公道杯又称茶海。它是为了使茶汤浓度均匀而设置的过渡性用具，当然也是为了使茶汤不因浸泡时间过长而太浓。公道杯通常由紫砂、瓷器、玻璃等制作，大小与泡茶器大小配套。

4. 闻香杯

闻香杯是供品茶者嗅闻留在杯中余香的一种用具。闻香杯的大小和质地，要与品茶杯相配套。目前，闻香杯多用紫砂陶制作，也有用瓷器制作的。

5. 茶杯

茶杯作为盛茶用具，分大小两种：小杯（又称品茗杯）是盛放并饮用茶汤的器具；大杯是泡饮合用器具，多为长筒形，有把或无把，有盖或无盖。茶杯多由瓷器或紫砂陶制作，也有用玻璃制作的。用玻璃杯直接冲泡茶叶，有极高的观赏性。

6. 同心杯

同心杯的大杯中有一只滤胆，可将茶渣分离出来。

7. 茶托

茶托是放置茶杯或茶碗的垫底用具，形状、大小和质地，与茶杯（碗）相配套，多采用瓷、陶、竹、木等材料制作。

二、辅助器具

饮茶时，除了必备的泡茶、盛茶用具外，还应备有一些辅助用具。

1. 茶盘

茶盘又称"茶池或茶船"，它主要用来摆置茶具，是泡茶的基座，其上层为有孔的盘，下层为储水的容器，主要用来盛接漏出或溢出的水滴，多用竹、木、金属、陶瓷等制作。

2. 托盘

托盘主要用来承接盛茶的杯或盏，向客人奉茶时使用，常用竹、木制作，也有用陶瓷制作的。

3. 水盂

水盂主要用来储放叶底和弃水，以及品尝茶点时废弃的果壳等物，多用陶瓷制作。

4. 茶巾

茶巾用棉、麻等纤维制作，主要用来擦抹泡茶时溢溅出的茶水。

5. 茶荷

茶荷又称"赏茶碟"，用于观赏干茶。常用无味的竹、木或陶瓷制作。

6. 茶斗

茶斗又称茶漏，常在用小壶冲泡乌龙茶时，置于壶口，便于茶能顺畅地进入茶壶。

7. 茶则

茶则是取干茶时的用具，是控制用茶量的容器，常用无异味的竹、木制作。

8. 茶针

茶针用于由壶嘴伸入壶中阻止茶叶堵塞，使茶液畅通流出的工具，以竹、木制作。

9. 茶匙

茶匙又称渣匙，从泡茶器具中取出茶渣的用具。常与茶针相连，即一端为茶针，另一端为渣匙，用竹、木制作。

10. 储茶器

储茶器是储存茶的容器。目前，在茶艺馆中使用的储茶器，常选用锡制的罐或瓶，它具有密封性好，防潮、防光照的特点。其实，用紫砂陶制作而成的储茶座罐，只要做到口沿密缝，也能取得好的效果。

此外，品茶时，倘若佐以茶点，那么，盛茶点用的茶食盘，擦手用的餐巾纸，取食用的茶叉等，也是必不可少的。

三、储水、煮水器具

储水、煮水器具质地以不污染水质为上，形状以方便和有利于储水为好。

1. 净水器

净水器应按当地的水质情况而定。如果用的是优质山泉水，那么可以省去；如果用的是普通的江、河、湖水，甚至是自来水，应选用相应的净水器。

2. 储水缸

用储水缸储水，可以起到澄清水质和挥逸氯气的作用。储水器必须用无污染的材料制作，并且加盖。但采用储水缸储水，时间不能超过一星期。

3. 烧水器

它由烧水壶和热能组成，热能最好选用无污染的电炉、煤气等。

4. 保温瓶

主要用来储放开水，如家用热水瓶。

5. 茶炉

多由陶器制作。目前，常用的有电炉、煤气炉、石油炉、炭炉等，而茶艺馆使用的多为酒精炉。

6. 烧水壶

通常置于茶炉上，作为保持或调节泡茶水温的容器。其形近似泡茶用壶，口较小，嘴较长。为便于注水，壶把往往生于壶口上方，连接两肩，呈提梁状。目前，都市居民常用金属水注，它具有耐用、传热快的特点，但煮水时产生的金属离子会串茶香、茶味，影响茶汤。茶艺馆使用的多为陶器制作，这种水注，既可保持水温，又无污染，还可激发人们烹茶之情趣。

第 4 节　茶艺基本方法

　　冲泡茶的基本方法是茶艺师必须掌握的基本操作技能。现代茶艺冲泡的基本方法，是茶文化复兴以来，茶人总结前人和现代茶品及茶具的实际情况，体现茶礼而形成的一套规范的手法。它既是冲泡技艺，同时又包含了中国传统文化的内涵。因此，在学习各项冲泡技艺时，应从严把握，一招一式，皆有法则。这些手法将是我们学习茶艺的基础，只有正确练习并熟练之后，一些手法才会融会贯通，游刃有余，或形成自己的风格。

一、常用器具的使用手法

1. 取用器具手法

取用器具手法见表 4—5。

表 4—5　取用器具手法

手法	说明	取用的器具
双手捧取法	（以女性坐姿为例）搭于胸前或前方桌沿上的双手慢慢向前平移到欲取的器具，双手掌心相对捧取器具基部，移至安放位置，轻轻放下后双手收回	此方法一般多用于茶样罐、茶则组合、玻璃高杯、花瓶等立式器具取用
单手握取法	一般以右手为主，左手为辅。右手握住器具基部，左手轻托器具底部，双手同时移动至安放位置	多用于茶荷、小茶杯等器具取用

2. 提壶手法

烧水壶提壶手法见表4—6。

表4—6　烧水壶提壶手法

壶的种类	手法说明
提梁壶	一般右手握梁，左手托底，双手平移至所要位置；或右手提梁，左手按住壶钮，手指并拢平移至所要位置
侧把壶	一般右手握侧把，左手按住壶钮，手指并拢双手平移至所要位置；或右手大拇指按住壶钮或盖一侧，其余四指握壶把提壶平移

泡茶壶提壶手法见表4—7。

表4—7　泡茶壶提壶手法

手法	说明
单手法	小型壶：右手大拇指和中指握住壶柄，食指略呈弧度，按在壶盖上，轻轻提壶 中型壶：右手食指、中指勾住壶把，大拇指按住壶盖一侧轻轻提壶
双手法	大型壶：右手四指握住壶柄，大拇指压盖，提起后，左手食指和中指轻轻顶着壶嘴的底部，轻轻提壶；根据壶柄大小，也可以右手食指、中指勾住壶把，大拇指压盖，左手中指按住壶盖，平移至所要位置

3. 握杯手法

握杯手法见表4—8。

表 4—8　握杯手法

杯的种类	手法说明
玻璃杯	右手握杯的基部，左手轻托杯底。切忌手捏杯口
盖碗杯	当用作品茶杯时，女士左手持杯托，右手拇指、中指捏住盖钮两侧、食指搭在盖钮上，提盖拨动茶汤，将盖扣住浮叶，对着自己留一个缝隙，双手将茶送到嘴边；男士左手单手持杯，同样右手拇指、食指与中指捏住盖钮拨动茶汤，将盖扣住浮叶，对着自己留一个缝隙，右手大拇指与中指捏住杯身两侧，食指按在杯盖盖钮上下凹处，无名指和小指扶杯身，徐徐品茶
小品杯	品茶时三龙护鼎，右手大拇指和食指握着杯，中指于杯底，手腕与手形成弧形，左手托杯底

4. 温具手法

温具手法见表 4—9。

表 4—9　温具手法

器具的种类	手法说明
玻璃杯	右手提开水壶，用回旋斟水法注沸水为杯容量的 1/3～1/4，将杯拿于茶巾上方，右手握杯的基部，左手轻托杯底，右手手腕逆时针旋转一圈，双手协调将茶杯各部位与开水充分接触，涤荡后将杯中的水倒入水盂，放回茶杯
紫砂壶	左手拇指、食指与中指捏住盖钮揭开壶盖，右手提开水壶用回旋斟水法注沸水为杯容量的 1/2～1/3 加盖。右手大拇指和中指握住壶柄，食指略呈弧度，按在壶盖，左中指顶着壶嘴的底部，双手协调按逆时针旋转手腕，令壶身内各部位与开水充分接触，使冷气涤荡无存，将水倒入水盂后归位

器具的种类	手法说明
盖碗杯	右手拇指、中指捏住盖钮两侧，食指搭在盖钮上，揭开杯盖搁置于杯托上，右手提开水壶用回旋斟水法注沸水为杯容量的 1/3~1/4，将杯身拿于茶巾上方，右手握杯的基部，（忌手捏到杯口）左手轻托杯底，双手协调转动手腕逆时针一圈，令茶杯内各部位与开水充分接触后，将杯交于左手，右手拇指、食指与中指拿起杯盖，双手移至水盂上方，双手同时向内转动手腕将杯中的水倒在杯盖上流入水盂，加盖后放回到杯托上
小品杯	用右手拇指、食指、中指，三指端起品茗杯，侧放入另一杯中，中指勾住杯底、食指向上提、拇指往下压使杯向内旋转一圈，使杯身内外均匀用开水烫到，复位后再取另一只再温；直到最后一只茶杯涤荡后将水倒去

5. 置茶手法

打开储茶罐方法见表4—10。

表 4—10　打开储茶罐方法

储茶罐种类	打开方法
套盖式茶叶罐	双手握储茶罐于胸前，两手食指和大拇指均匀用力顶开茶叶罐盖后，右手逆势旋转取下盖子，放下取茶。取茶完毕后，沿原来轨迹取回茶盖扣回储茶罐，用双手食指均匀用力压紧盖紧后归位
压盖式茶叶罐	双手取茶叶罐于胸前，交于左手，右手大拇指、食指、中指握住茶叶罐盖钮，向上提盖打开，逆势翻开放下取茶。取茶完毕，沿原来轨迹取回茶盖扣回储茶罐归位

取茶方法见表 4—11。

表 4—11　取茶方法

取茶方法	操作说明
旋转取茶法	左手握住茶叶罐，右手执茶则，右手先将茶则放入茶叶罐，左手向外，右手向里旋转手腕使茶叶旋转落入茶则，右手取出茶则，置茶
拨取茶法	左手握住茶叶罐，右手执茶拨，运用手腕的力量轻轻拨取茶叶，将茶拨放入茶荷，再将茶叶拨入泡茶器

6. 茶巾的折叠方法

茶巾的折叠方法见表 4—12。

表 4—12　茶巾的折叠方法

茶巾种类	折叠方法
长方形（八层式）	将长方形的茶巾平铺，将茶巾左右对折至中线，然后上下对折至中线；然后上下对合，呈长方形。要注意的是，置放长方形茶巾时，两条重合线（折口）对着自己
正方形（九层式）	将正方形的茶巾平铺，分三等分折起，呈一条状；然后将一条状茶巾，左右对折至中线；最后对合成正方形。要注意的是，置放正方形茶巾时，两条重合线（折口）对着自己

二、茶艺冲泡的常用方法

冲泡时的动作要领：头正身直，目不斜视；双肩打开并下沉，抬腕沉肘；神与意合，心无旁骛。

1. 浸润泡与凤凰三点头

浸润泡和凤凰三点头，是泡茶技和艺结合的典型，多用于冲泡绿茶、红茶、黄茶、白茶中的高档茶，如图4—12所示。

对较细嫩的高档名优茶，采用杯泡法泡茶时，大多采用两次冲泡法，也叫分段冲泡法。第一次称之为浸润泡，即按逆时针方向冲水，用水量大致为杯容量的1/3，目的是少许水浸润茶叶，既能使芽叶吸水舒展，又不会把细嫩的茶芽烫熟。需要时还可以用手握杯，轻轻摇动，时间一般控制在15秒左右（又称"摇香"）。这样，一则可使茶汁容易浸出，二则可以使品茶者在茶的香气挥逸之前能闻到茶的真香。

第二次冲泡，一般采用"凤凰三点头"，冲泡时由低向高反复拉动3次，水流连续不断，并且一次比一次高，恰好注入所需的水量。采用这种手法泡

图4—12　泡茶手法

茶，其意有三：一是使品茶者欣赏到茶在杯中上下浮动，犹如凤凰展翅的美姿；二是可以使茶叶上下翻滚，茶汤浓度均匀一致；三是表示主人向客人"三鞠躬"，以示对客人的礼貌与尊重。作为一个泡茶高手，"凤凰三点头"的结果，应使杯中的水量正好控制在七分满，留下三分作空间，叫作"七分茶，三分情"。

2. 高冲与低斟

高冲与低斟，是指泡茶程序中的两个动作。高冲是指冲茶时，要提高水壶的位置，提壶拉起水柱10~15厘米为宜，使水流从高而下冲入茶壶或杯；低斟是指分、斟茶时，要放低茶壶或公杯的位置，使茶汤从低处进入品茶杯。这是茶人长期泡茶经验的总结，是泡茶中不可忽视的两道程序。

采用高冲法有三大优点：一是高冲法泡茶，能使茶在壶（或杯）中上下翻动旋转，吸水均匀，有利于茶汁浸出；二是用高冲法冲茶，使热力直冲罐底，随着水流的单向巡回和上下翻旋，能使茶汤中的茶汁浓度相对一致；三是用高冲法冲茶，使首次冲入的沸水，随着茶的旋转与翻滚，利于叶片的舒展。

茶叶经高冲法冲点后，就要适时进行分茶，也称为洒茶或斟茶，就是将茶壶中

的茶汤，斟到各个茶杯中。分茶时，提茶壶宜低不宜高，以略高于茶杯口沿为度；而后，再一一将茶壶中的茶汤倾入各个茶杯，这叫"低斟"。这样做的目的有三：一是避免因高斟而使茶香飘散，从而降低杯中香味；二是避免因高斟而使茶汤泡沫泛起，从而影响茶汤的美观；三是避免因高斟而使分茶时发出"滴滴"的不雅之声。

3. "关公巡城"与"韩信点兵"

如何将一壶茶汤均匀地洒入各杯之中，这是泡茶的功力所在。在这方面，最讲究的要数闽南和广东潮汕地区了。这些地方冲泡工夫茶，每克茶的开水用量仅为 20 毫升左右，与冲泡其他茶相比，用茶量增加约 2 倍。这样高的用茶量会使每壶茶汤的浓度，前后之间很难达到一致，以致浓淡不一。为此，当地总结出了一套方法，"关公巡城""韩信点兵"就是其中之一。

其做法是，一旦用茶壶冲泡好工夫茶后，在分茶汤时，为使各个小茶杯中的茶汤浓度均匀一致，使每杯茶汤的色泽、滋味、香气尽量接近，做到平等待客，一视同仁，为此，先将各个小茶杯，或"一"字，或"品"字，或"田"字排开，采用来回提壶洒茶。如此，提着红色的紫砂壶，在热气腾腾的城池（小茶杯）上来回巡逻，称之为"关公巡城"，既形象，又生动，还道出了这一动作的连贯性。又因为留在茶壶中的最后几滴茶，往往是最浓的，是茶汤的最精华醇厚部分，为避免各杯茶汤浓淡不一，最后还要将茶壶中留下的几滴茶汤，分别一杯一滴，一一滴入到每个茶杯中，人称"韩信点兵"。

这两种动作是泡茶技巧和艺美的表现，更是饮茶文化中的一种美学展示。

4. "游山玩水"与"巡回倒茶法"

在茶艺馆或家庭待客时，常用茶壶泡茶。分茶时，通常是右手拇指和中指握住壶柄，食指抵壶盖钮或钮基侧部，再端起茶壶，在茶船上沿逆时针方向荡一圈，目的在于除去壶底的附着水滴，这一过程，茶艺界美其名曰"游山玩水"；接着是将端着的茶壶置于茶巾上按一下，以吸干壶底水分；最后才将茶壶中的茶汤，分别倒入各个茶杯中。

巡回倒茶法，有别于"关公巡城"和"韩信点兵"分茶法。以五杯分茶为例，杯容量以七分满为准，具体操作如下：第 1 杯倒入容量的 1/5，第 2 杯倒入容量的 2/5，第 3 杯倒入容量的 3/5，第 4 杯倒入容量的 4/5，第 5 杯倒入七分杯满为止；而后，再依四、三、二、一的顺序，逐杯倒至七分满为止。最大的区别在于"关公巡城"和"韩信点兵"分茶法，可以来回多次把茶汤分均匀。而巡回倒茶法，则只能一个来回分完，不能多次分。这种分茶法对沏泡者的技艺要求很高。要想使各杯茶汤的色、香、味相对一致，充分体现茶人的平等待人精神，使饮茶者心灵进入到"无我"的境地，是需要下功夫练习的。

5. "壶外追温"和"内外夹攻"

对一些鲜叶原料相对较为粗大的茶品，如乌龙茶、普洱茶等，它们纤维素多，茶汁不易浸出，或者是出于保香出味的需要，通常采用茶壶泡茶，保温性能好，更有利于发挥茶性。为提高水温，不但泡茶用水要求现烧现泡；同时，泡茶后马上加盖保温；接着，还得用滚开水淋壶，淋遍茶壶外壁以达到壶外追温的目的。这一冲泡程序，谓之"内外夹攻"。其目的有二：一是为了保持茶壶中的茶、水有足够温度，使之透香出味；二是为了清除茶壶外的茶沫，以清洁茶壶。尤其是在冬季冲泡乌龙茶，更应如此。

6. 上投法、中投法和下投法

所谓下投法泡茶，是指取适量茶叶，置入茶杯（壶、盏），然后将适量的开水，高冲入杯，泡成一杯浓淡适宜、鲜爽可口的香茗。采用下投法泡茶，操作比较简单，茶叶舒展较快，茶汁容易浸出，茶香透发完全，而且整个杯的浓淡均匀。因此，有利于提高茶汤的色、香、味，常为茶艺界所采用。

对一部分条索比较紧结、重实的细嫩名茶，如细嫩的碧螺春、径山茶、临海蟠毫茶等，则采用上投法泡茶。其法是先在杯中冲入适温的开水至七分满，再取适量茶叶，投入盛有开水的茶杯中。它与下投法相比，投茶与冲水的次序正好相反。用上投法泡茶，可避免因开水温度太高，而造成对茶汤和茶姿的不利影响。但如松散型或毛峰类茶叶，采用此法会使茶叶浮在汤面。同时，采用上投法泡茶，短时内杯中茶汤浓度会上下不一，茶的香气也不容易透发。因此，品饮时，最好先轻轻摇动茶杯，使茶汤浓度上下均一，茶香得以透发。茶艺馆采用上投法泡茶时，应向茶客说清其意，以增添品茶情趣。

另外，泡茶用水温度偏高又不是太高时，还有采用中投法泡茶的，如都匀毛尖等，其法是先冲上少许开水，而后投入适量茶叶，接着，再用低斟法加水至七分满。所以，中投法其实就是两次分段法泡茶，它在一定程度上解决了泡茶水温偏高带来的弊端。

茶艺冲泡的基本手法还要遵循的原则是：连绵不断，柔和沉稳，自然流畅，圆融简洁，寓意雅正，不故弄玄虚。

三、常用器具的清洁保养

茶器具的清洁、保养工作可以视为茶事的一个组成部分，一般来说有以下几项工作。

1. 泡茶前清洁工作

茶艺冲泡前后，器具的清洁工作必不可少。"洁器雅具"是茶艺的要素。茶为洁物，品饮为雅事，器具之洁不可忽视。泡茶前应先行将所有器具检查一遍，并逐一做好清洁工作，其中壶、杯器具应洗烫干净，抹拭光亮备用，茶匙组合等器件也应擦拭一遍。

2. 品饮后清洁和保养工作

无论是瓷器、紫砂，还是玻璃茶具都应不积茶垢。茶垢也叫茶锈，是由于茶叶中茶多酚具有较强的氧化性能，在水中极易氧化成棕褐色的胶状物质，吸附于壶杯内壁而成，尤其是粗陶表面毛糙更易堆积。茶垢中含有多种金属物质，可对人的消化、营养吸收乃至脏器造成不良影响。茶器具被茶垢污染，既不美观，又对人体健康不利，因此饮茶后的清洁和保养工作尤为重要。

（1）泡茶品饮结束后，要及时清洗茶具。因为耽搁时间久了，既有细菌滋生，又容易留下茶渍，破坏茶具釉面色泽和光洁度。因此，每次用完及时将茶渣倒出，用清水洗涤，并用软布擦拭干净，滤干后存放妥当，以备再次使用。

（2）紫砂应从新购时做起，经常性地养壶，并以茶人的恒心持久专心地去做，如经常在泡茶时以热茶水浇淋壶身，经常以布巾擦拭壶身。茶饮毕后不要让所剩茶叶（渣）在壶中储留过久。无论是茶壶还是茶杯，一般尽量不要让内壁积垢。紫砂壶如注重养护，擦拭抚摩，施以"怜爱"，天长日久可使壶身光洁如玉、光滑细腻如婴儿皮肤，更显素心素面的肌理效果。

（3）瓷器和玻璃器皿清洗过程中，最好不要用洗涤用品，尤其是化学用剂，如果表面有油或茶垢，可用茶渣擦拭整个器具后用水冲干净。这样有利于茶具釉面和光泽度的保护，清洗以后，应及时用柔软的棉质品将茶具擦干，归位。

3. 妥善保管防止破损

茶器具应有专门的收存容器和空间，并置于不易被碰撞之处。茶器具收存时应备专用的巾布、软纸予以包裹、垫衬，使之安全。齐全、良好的器具才能不妨碍泡茶、品茶时的好心情。

茶为饮品，健康、安全尤为重要。"工欲善其事，必先利其器"。所用器具的清洁保养，是作为茶艺师操作技能之基本；也是茶人必修一课，体现出茶人对茶的尊敬。

第5节　冲泡和品饮技艺

泡茶是一门综合艺术，不仅要有广博的茶文化知识及对茶道内涵的深刻理解，而且要具反复练习、不断进取的精神，同时深谙各民族的风土人情。

一、冲泡要素

泡好一杯茶，除了要根据各种茶的特性，选好水，配好器具外，还要掌握好茶叶的用量、水温和茶叶的浸泡时间等基本要素。

1. 茶水比例

茶水比例是指茶叶用量（g）与茶具水容量（mL）之比例，其具体数值根据茶类、茶的等级、个人对茶汤浓度的喜好而各异。通常情况下，名优红茶、绿茶、黄茶、花茶，茶、水比例为1：50；而大宗红、绿、黄茶及花茶，茶、水比例为1：75；普洱茶的茶、水比例为1：30～50；白茶的茶、水比例为1：20～25。乌龙茶原料虽然较粗老，但品饮习惯和方法原因，故投茶量大大增加。通常以乌龙茶占泡茶器容量的比例来描述用茶量，一般颗粒状球形的占茶器容量的1/3，半球形的占茶器容量的1/2，条形茶占茶器容量的2/3。虽然干茶占茶具容量不一样，冲泡后，茶叶舒展的叶底约占泡茶器的八九成容量，追求其茶水比一般为1：20左右。

2. 冲泡水温

泡茶水温的高低，与茶叶种类和制茶原料有关。较粗老原料加工而成的茶叶，宜用沸水直接冲泡；用细嫩原料加工而成的茶叶，宜用降温以后的沸水泡茶。

如各种乌龙茶，即使用沸腾的开水冲泡，也稍嫌温度不够，还得用沸水温壶和淋壶，以提高或保持壶中的水温。大宗红茶、绿茶和花茶，可用 90℃左右的水冲泡。高档细嫩名优绿茶和红茶，如果用沸水冲泡，会使茶的叶色和汤色变黄、茶芽无法挺立，维生素 C 等营养物质遭到破坏，使茶的清香和鲜爽味减少，观赏性降低，所以，一般采用 80℃左右的水冲泡。至于用单个茶芽制成的一些特级名茶，诸如黄茶中的君山银针、绿茶中的特级碧螺春等，用 70℃左右的水冲泡就可以了。

3. 冲泡时间

茶经沸水冲泡后，最先从茶中浸出来的是维生素、氨基酸、咖啡因等，一般到 3 分钟时，茶汤饮起来就有鲜爽醇和之感，但缺少刺激味；以后，茶多酚物质陆续浸提出来，虽然鲜爽味减少，但苦涩味等相对增加。

4. 冲泡次数

冲泡次数的多少，应根据茶类和饮用方式而定。以大宗红、绿茶为例，第一次冲泡后，茶汤中的水浸出物已占总可溶物的 55% 左右；第二泡一般占 30% 左右；第三泡为 10% 左右；第四泡只有 1%～3%。所以，一般来说，多数茶只能冲泡 2～3 次，至于乌龙茶，因用量大，原料相对较成熟，因此，可以冲泡 5～6 次，甚至更多；多年陈的普洱茶，有冲泡 10 次以上的；只有袋泡茶，由于已将茶切成颗粒，很容易将茶中的内含物冲泡出来，所以，一般只能冲泡 1 次，最多 2 次。

二、冲泡的基本程序

冲泡程序是指茶叶泡饮过程中的具体操作流程和方法。不同的茶叶种类，因其在外形、质地、比重、品质及浸出物成分的不同，要使用不同的茶具，其冲泡程序也会有相应的改变。因此，要编排泡好一壶茶的每个环节，必须遵循看茶泡茶的原则，结合茶性灵活应用，一般有以下基本程序，见表 4—13。

表 4—13　冲泡的基本程序

步骤	基本程序	操作说明
1	赏茶	将茶叶从茶罐中取出，放置于茶荷中，请客人欣赏
2	温具	将开水注入将要使用的器皿中，提高器具的温度，同时使茶具得到再次清洁
3	置茶	将待冲泡的茶叶按比例，用茶则置入壶、茶杯或盖碗杯中
4	冲泡	置茶入壶（杯）后，按照茶与水的比例，将温度适宜的开水注入壶或杯中
5	奉茶	将盛有香茗的茶杯奉到品茗人面前，面带笑容，双手奉茶，以示敬意

三、品饮步骤

品茶与喝茶不同。喝茶主要是生理需求，为了解渴，没什么讲究。品茶则是为了追求精神上的满足，重在意境，将其视为一种艺术欣赏，要细细品啜，徐徐体察，从茶汤美妙的色、香、味、形得到审美的愉悦，引发联想，从不同角度抒发自己的情感。

一杯茶汤在手，应该如何去品尝、欣赏呢？一般来说，品饮分为三步骤：一是闻香，二是观色，三是品味。但有些茶品需先观色，再闻香，最后品味。

1. 闻香

闻香就是嗅闻茶汤散发出来的香气，如图 4—13 所示。好茶的香气自然、纯真，闻之沁人心脾，令人陶醉。不同的茶叶又具有不同的香气，泡成茶汤后，会出现嫩香、清香、花香、花果香、熟果香、蜜香等，仔细辨认，趣味无穷。

2. 观色

观色主要是观察茶汤的颜色和茶叶的形态。冲泡后，茶叶几乎恢复自然状态，汤色也由浅转深，晶莹澄清。各类茶叶，各具特色，即使同类茶叶也有不同的颜色。

图 4—13 闻香

茶叶的形状，也是千差万别，各有特点，特别是一些名优绿茶，嫩度高，加工考究，芽叶成朵，在碧绿的茶汤中徐徐伸展，亭亭玉立，婀娜多姿，令人悦目。有的芽头肥壮，芽叶在水中上下浮沉，最后簇立于杯底，犹如枪戟林立，使人好像回到茶林之中，重沐茶香春光。

3. 品味

一般在闻香、观色之后，就可品尝茶汤的滋味了。与茶的香气一样，茶的滋味也是非常复杂多样的。不管何种茶叶泡出来的茶汤，初入口时，都有或浓或淡的苦涩味，但咽下之后，很快就口里回甘，韵味无穷。这是茶叶的化学元素刺激口腔各部位感觉器官的作用。

茶汤入口之后，舌面上的味蕾受到各种呈味物质的刺激而产生兴奋波，经由神经传导到中枢神经，经大脑综合分析后产生不同的滋味感。舌头各部位的味蕾对不同的滋味的感受是不一样的，如舌尖易感受甜味，舌面对涩味敏感，舌根部位对苦味敏感。所以，茶汤入口后，不要立即下咽，而要在口腔中稍作停留，使之在舌头的各部位打转，充分感受到茶中的甜、酸、苦、鲜、涩五味，才能充分欣赏茶汤的美妙滋味。

第6节 冲泡技能

一、龙井茶的冲泡方法

1. 行茶程序

龙井茶行茶程序见表4—14。

表4—14 龙井茶行茶程序

步骤	基本程序	操作说明
1	备水	根据茶品特征和器具大小备水
2	备具	150毫升透明玻璃直身矮杯、赏茶碟、茶则、茶针、茶叶罐、茶巾、烧水壶、水盂
3	布具	按茶具摆放的位置和冲泡茶叶的需要，依次将茶具摆放稳妥
4	赏茶	用茶则取适量茶叶置赏茶碟中，供顾客欣赏干茶的外形及香气
5	温杯	沿杯壁按逆时针方向回旋斟水约1/3杯水，依次轻轻转动杯身，将杯中水倒入水盂
6	置茶	用茶则取茶叶罐中的茶叶置入杯中，每杯约用茶2.5克（按50∶1的比例投入）
7	润茶	又称浸润泡，沿杯壁按逆时针方向回旋斟水约1/3杯水，使茶叶吸水膨胀，便于内含物析出
8	冲泡	执水壶用"凤凰三点头"的手法，用90℃左右的水，冲入杯内七至八分满，意为"七分茶，三分情"。经过三次高冲低斟，使杯内茶叶上下翻滚，杯中上下茶汤浓度均匀
9	奉茶	右手轻握杯身，左手托杯底，双手将茶送至顾客面前，随后，向顾客伸出右手，做出"请"的手势，或说"请品茶"
10	收具	将用好的茶具一一收入茶盘，起身向顾客行礼致谢后退场

2. 品饮方法

一般"先观色（形），后闻香，再啜饮。"龙井茶在冲泡时即可透过清澈明亮的茶汤，观赏茶叶在杯中的沉浮、舒展和最终颗颗成朵而又各不相同的茶芽美姿；进而还可以察看龙井茶汁的浸出、渗透和汤色的显现。当端起茶杯时，不可急于饮茶，应先闻其香，这时，随着汤面的微雾冉冉升起，顿觉清香扑鼻，清心怡神；然后，呷上一口，含在口中，边吸气边使茶汤从舌尖沿舌头两侧来回旋转，反复数次，从中充分体察茶叶的滋味；然后缓缓咽下，顿觉清新之感，如此往复品尝，不断回味追忆，自然产生飘飘欲仙的感觉。

二、都匀毛尖茶的冲泡方法

1. 行茶程序

都匀毛尖茶行茶程序见表 4—15。

表 4—15　都匀毛尖茶行茶程序

步骤	基本程序	操作说明
1	备水	根据茶品特征和器具大小备水
2	备具	150 毫升透明玻璃直身矮杯、赏茶碟、茶则、茶针、茶叶罐、茶巾、烧水壶、水盂
3	布具	按冲泡需要将茶具次第摆放妥帖
4	赏茶	用茶则取适量茶叶置赏茶碟中，供顾客欣赏干茶外形及香气
5	温杯	沿杯壁按逆时针方向回旋斟水约 1/3 杯，依次将杯身预热，将杯中水倒入水盂
6	斟水	沿杯壁向杯中回旋斟水约 1/3 杯满
7	置茶	用茶则取茶叶罐中的茶叶慢慢轻洒入杯中，每杯用茶按 50∶1 的比例投入
8	斟水	用定点冲泡法斟水七至八分满
9	奉茶	右手轻握杯身，左手托杯底，双手将茶送至顾客面前，随后，向顾客伸出右手，做出"请"的手势，或说"请品茶"
10	收具	将用好的茶具一一收入茶盘，起身向顾客行礼致谢后退场

2. 品饮方法

都匀毛尖一投入水，叶身纷纷下沉，并由曲而伸展，仿佛绽苞吐翠，春染杯底。待干茶吸水伸展，再沿杯壁注入适温的水几乎至满。此时茶叶或徘徊飘舞，或游移于沉浮之间，别具茶趣。观之汤色碧绿似玉，闻之清香扑鼻，饮之舌根含香，回味无穷。真是"雪芽芬芳都匀生，不亚龙井碧螺春，饮罢浮花清鲜味，心旷神怡似神仙"！

三、碧螺春茶的冲泡方法

1. 行茶程序

碧螺春茶行茶程序见表4—16。

表4—16 碧螺春茶行茶程序

步骤	基本程序	操作说明
1	备水	根据茶品特征和器具大小备水
2	备具	150毫升透明玻璃直身矮杯、赏茶碟、茶则、茶针、茶叶罐、茶巾、烧水壶、水盂
3	布具	按茶具摆放位置和茶叶冲泡要求将茶具依次摆放稳妥
4	赏茶	用茶则取适量茶叶置赏茶碟中，供顾客欣赏干茶的外形及香气
5	温杯	沿杯壁按递时针方向回旋斟水约1/3杯，依次将杯身预热，将杯中水倒入水盂
6	斟水	用定点冲泡法斟水七至八分满，水温控制在80℃左右
7	置茶	用茶则取茶叶罐中的茶叶慢慢轻洒入杯中，每杯用茶按50∶1的比例投入
8	奉茶	右手轻握杯身，左手托杯底，双手将茶送至顾客面前，随后，向顾客伸出右手，做出"请"的手势，或说"请品茶"
9	收具	将用好的茶具一一收入茶盘，起身向顾客行礼致谢后退场

2. 品饮方法

因采用上投法冲泡，所以当碧螺春轻洒入杯时，瞬时间"白云翻滚，雪花飞舞"，清香袭人，旋即茶叶沉底。茶在杯中，观其行，可欣赏到犹如雪浪喷珠、春染杯底、绿满晶宫的三种奇观。饮其味，头酌色淡、幽香、鲜雅；二酌翠绿、芬芳、味醇；三酌碧清、香郁、回甘，真是其贵如珍，宛如艺术品，不可多得。

四、黄山毛峰茶的冲泡方法

1. 行茶程序

黄山毛峰茶行茶程序见表 4—17。

表 4—17 黄山毛峰茶行茶程序

步骤	基本程序	操作说明
1	备水	根据茶品特征和器具大小备水
2	备具	250 毫升青花盖碗杯、赏茶碟、茶则、茶针、茶叶罐、茶巾、烧水壶、水盂
3	布具	按冲泡需要将茶具次第摆放妥帖
4	温杯	沿杯壁回旋斟水约 1/3 杯，从右开始轻轻转动杯身完成烫杯动作；左手拿杯，右手拿盖，将杯中水慢慢倒向杯盖再顺势依次入水盂
5	置茶	用茶则取茶叶罐中的茶叶置杯中，每杯用茶按 50：1 的比例投入
6	润茶	沿杯壁按逆时针方向回旋斟水约 1/3 杯
7	赏茶	用茶则取适量茶叶置赏茶碟中，供顾客欣赏干茶外形及香气
8	冲泡	用"凤凰三点头"法冲水至碗的敞口下限，按开盖的顺序将盖盖上，静置片刻
9	奉茶	双手将茶送至顾客面前，随后，向顾客伸出右手，做出"请"的手势，或说"请品茶"
10	收具	将用好的茶具一一收入茶盘，起身向顾客行礼致谢后退场

2. 品饮方法

黄山毛峰茶冲泡后，汤色杏黄清澈，香气清鲜高长，芽叶竖直悬浮汤中，继之徐徐下沉而立，宛如春兰待放，啜上一口，滋味醇厚甘爽，缓慢吞咽，缕缕茶香，袅袅入鼻，让人有沁入心脾之感。

五、茉莉花茶的冲泡方法

1. 行茶程序

茉莉花茶行茶程序见表4—18。

表4—18　茉莉花茶行茶程序

步骤	基本程序	操作说明
1	备水	根据茶品特征和器具大小备水
2	备具	250毫升青花盖碗杯、赏茶碟、茶则、茶针、茶叶罐、茶巾、烧水壶、水盂
3	布具	按茶具摆放和茶叶冲泡的要求，将茶具依次摆放稳妥
4	赏茶	用茶则取茶叶约2.7克置赏茶碟中，供顾客欣赏干茶的外形及香气
5	温杯	沿杯壁回旋斟水约1/3杯，从右开始轻轻转动杯身完成烫杯动作；左手拿杯，右手拿盖，将杯中水慢慢倒向杯盖再顺势依次入水盂
6	置茶	用茶则取茶叶罐中的茶叶置杯中，每杯用茶按50：1的比例投入
7	润茶	沿杯壁按逆时针方向回旋斟水约1/3杯
8	冲泡	紧接着用定点冲泡法冲水至碗的敞口下限，按开盖的顺序将盖盖上，静置少息
9	奉茶	右手轻握杯身，左手托杯底，双手将茶送至顾客面前，随后，向顾客伸出右手，做出"请"的手势，或说"请品茶"
10	收具	将用好的茶具一一收入茶盘，起身向顾客行礼致谢后退场

2. 品饮方法

花茶品饮重在寻味探香。冲泡前，可以欣赏花茶的外观形状，闻干茶的香气。冲泡后，闻香赏茶汤，看茶叶在水中飘舞、沉浮，然后啜饮。品饮时，让茶汤在口中稍事停留，以口吸气与鼻呼气相结合的方式，使茶汤在舌面上来回往返流动，充分与味蕾接触，如此一两次，再徐徐咽下，即会感受到颊齿留香，精神愉悦。一饮后，茶碗中留下 1/3 茶汤，续水两次，再三次，高档的花茶可以冲七八次水仍有余香。一般花茶的品饮只要抓住闻香和品香就可以了。

盖碗品饮方法：首先，右手拇指和中指夹住盖钮两侧，食指抵于钮面，持盖后转动手腕，使盖里呈垂直朝向自己鼻部，用力吸气，嗅闻盖面香（越是优质的花茶则香气越是鲜灵、浓纯）；然后，持盖由碗沿里侧（靠自己身体的一侧）撇向碗外侧，共三次，目的是撇去碗面的浮叶，观看茶汤色泽；最后，将盖斜搁于碗面，使靠近身体的一侧碗面留出一条狭缝。女性应双手端起碗托将碗托底置于左手掌上，右手用拇指和中指夹住碗沿，食指抵住盖钮，无名指和小指上翘成兰花指，小口从碗面狭缝中啜饮；男性可单手持碗，用拇指和中指夹住盖碗，食指抵住钮面无名指和小指自然下垂，小口从碗面狭缝中啜饮。

六、铁观音茶的冲泡方法

1. 行茶程序

铁观音茶行茶程序见表 4—19。

表 4—19　铁观音茶行茶程序

步骤	基本程序	操作说明
1	备水	根据茶品特征和器具大小备水
2	备具	100 毫升紫砂小壶、品茗杯、赏茶碟、茶斗、茶则、茶针、茶叶罐、茶巾、烧水壶
3	布具	按茶具摆放和茶叶冲泡要求将茶具依次摆放稳妥
4	赏茶	用茶则取适量茶叶置赏茶碟中，供顾客欣赏干茶的外形及香气
5	温壶	左手打开壶盖，右手提烧水壶按逆时针方向回旋斟水两圈至 1/2 壶，盖上壶盖后右手执壶，左手抵壶底均匀转动一圈，弃水

续表

步骤	基本程序	操作说明
6	置茶	右手开壶盖置茶巾上，取茶斗置壶上后，用茶则取茶叶罐中的茶叶置壶中（1/3～1/2壶）
7	润茶	加水至满而不溢，快速出汤，倒入品茗杯
8	冲泡	右手执水壶，同时左手开壶盖，用100℃的水回旋冲水至壶满，刮沫后淋壶一圈
9	温杯	用拇、食、中三指端依次拿起品茗杯侧放入另一杯中向内旋转，使杯在水中滚动数圈（又称"狮子滚球"）
10	分茶	用先"关公巡城"后"韩信点兵"的"巡回分茶法"将茶汤分入品茗杯
11	奉茶	右手轻握杯身，左手托杯底，双手将茶送至顾客面前，随后，向顾客伸出右手，做出"请"的手势，或说"请品茶"
12	收具	将用好的茶具一一收入茶盘，起身向顾客行礼致谢后退场

2. 品饮方法

品饮铁观音茶，首先是举杯闻热香；然后观看汤色，接着啜上一口，含在口中，让茶香上扑，感应鼻腔。其次是舌品，通常是啜入一口茶后，用口吸气，让茶汤在舌面充分滚动，徐徐下咽；饮毕，再嗅杯底。如此先嗅其香，再观其色，继尝其味，浅斟细啜，确乃一种生活艺术享受。

思考题

1. 什么是茶艺？谈谈你对茶艺的理解？

2. 为什么茶艺师要做好茶具的清洁和保养工作？

3. 泡好一杯茶的要素有哪些？

4. 怎样才能是一名合格的茶艺师？

第 5 章
茶馆服务

引导语

  茶艺师是茶企业中的技术骨干，对于有志于茶业服务业的茶艺师来说，应该了解一些茶馆服务的要求。服务质量是茶馆经营的生命线。为顾客提供优良的服务，不仅可以提高茶馆的企业形象、层次，而且可以给茶馆带来源源不断的客源，使茶馆在激烈的市场竞争中立于不败之地。提供高质量的服务是茶馆参与市场竞争的重要手段。

  在茶馆的服务工作中，服务人员的一言一行、仪表仪容处处都体现出茶馆服务人员的素质以及服务水平和服务质量的优劣。

  本章将对茶馆服务工作的概念、特征以及服务工作的要求做较详尽的描述，以便学员能更好地掌握并进行操作。

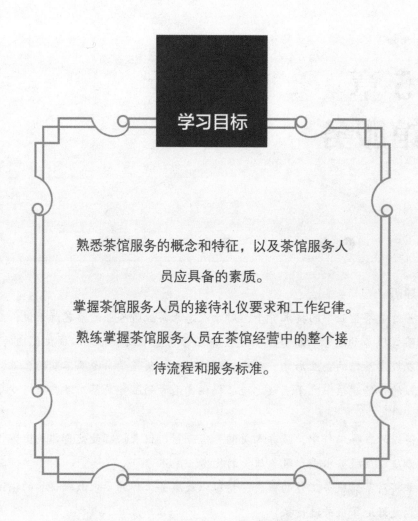

学习目标

熟悉茶馆服务的概念和特征，以及茶馆服务人员应具备的素质。

掌握茶馆服务人员的接待礼仪要求和工作纪律。

熟练掌握茶馆服务人员在茶馆经营中的整个接待流程和服务标准。

第 1 节　素质要求

　　所谓茶馆服务，是指为满足顾客的需要，茶馆与顾客接触的活动及茶馆所提供的设施和产品所产生的结果。良好的服务质量能满足顾客需要的属性。这种属性主要表现为顾客的一种心理感受，而顾客的心理感受则是通过他们的视觉、听觉、味觉、嗅觉、触觉而形成的。茶馆的服务质量不仅包括服务人员彬彬有礼、热情周到的规范服务，而且还包括茶馆所提供的设施和设备的质量、茶品质量、服务人员的操作技艺和工作效率等内容。

　　由于茶馆的服务过程是服务人员与顾客接触的过程，即服务的过程是表现为活动形式的消费品、不固定或不物化的对象或可以出售的消费品。因此，茶馆服务最基本的特征就在于它的无形性。由于这一本质的特征，使茶馆服务具有不可感知性、服务的价值性、不可储存性、不可分离性、所有权不变性以及差异性等特点。

　　茶馆服务人员应具备包括德、智、体、美等多方面的素质。然而茶馆服务人员的素质不是天生具备的，而是按照职业的特点和要求，经过严格的培训而形成的。

一、服务意识

　　具备良好的服务意识以及职业道德素质和修养能够激发茶馆服务人员的工作热情和责任感，并对茶馆的服务质量有着极大的影响。在激烈的市场竞争中，良性的竞争是提供优质周到的服务，服务也是茶馆参与市场竞争最好的手段。

　　旧的观念认为，茶馆服务人员是"服侍人"的低层次行业。要正确认识"我为人人，人人为我"的现代社会服务模式。培养对茶馆服务这一以人际交往为特征的职业的感情和兴趣，以极大的热情投入工作中去，积极做好服务工作。

二、诚实守信

　　以诚为本，诚揽天下客，这是从事商业职业的基本道德。在经营过程中应做到：销售商品保质保量，按质论价，秤准量足，不短斤缺两，不以次充好，不欺诈顾客，严格按照食品安全要求把好原料进货和操作过程中的每一关，确保消费者的身体健康。

三、顾客至上

顾客是茶馆的衣食父母，是茶馆的生意源泉。因此，要千方百计地满足顾客的需求，提供热情、周到的服务，尊重顾客，体谅顾客，遇事要多从顾客的角度考虑，尽力为顾客提供方便。工作时做到耐心、细致，不与顾客争辩。

四、尽心尽责

具有强烈的责任感，热爱茶馆工作，服从领导，尊重师傅，在工作中做到同事之间互相照顾。严格遵守店纪店规，学会在各种情况下控制自己的情绪，严于律己，宽以待人，虚心学习他人的长处，为达到共同的目标，最大限度地发挥自己的作用。

服务是企业参与市场竞争最好的手段，顾客满意是利润的源泉。茶馆在经营中要一切从顾客的需要出发，服务工作要体现人性化。同时，提供优质的服务也可使员工自身获得良好的心情和工作的提升。

五、身心素质

茶馆的服务工作要求服务人员要有健康的体格，无传染病，能始终保持旺盛的精力，以适应劳动强度较高的服务工作。还要有匀称的外表，五官端正，给人一种美好、舒适的享受。同时要有敏捷的思维能力，能针对不同的顾客、不同的情况及时采取应变措施。由于茶馆服务工作直接面对服务对象，且服务对象广，面对情况多，因此，服务人员还要具备健康的心理。在服务工作中，可能会遇到各种各样的委屈，要具有一定的忍耐力和承受力，要树立顾客第一的思想，以良好的心态给顾客带来愉悦。

因此，茶馆服务人员不仅要有良好的身体素质，还要有健康的心理素质。

六、业务能力

作为茶馆服务人员，不仅要为顾客选好茶、泡好茶，还要向大众宣传"饮茶讲科学，品茶讲艺术"的理念。因此，茶馆服务人员应了解各类茶的制作过程，了解我国一些主要名茶的产地和特征，并掌握好各类茶的冲泡要求。同时，还要了解各地、各民族的饮茶习俗。除此以外，还必须掌握茶馆企业的基本情况，熟练地运用服务礼仪、服务规范，保持良好的精神面貌和仪表形态。茶馆在营运过程中，服务人员应对随时可能出现的突发情况熟练运用既定的原则和程序，遇事镇定，用合理、有效的方法进行正确的处理。

第 2 节 　 接待礼仪

礼仪是人类生活中在语言、行为方面的一种约定俗成，是要求每个社会成员共同遵守的准则和规范。礼仪的表现形式有礼节、礼貌、仪表、服饰、仪式等。

礼仪是人类文明延续的结果，是人类文化的沉淀物，也是衡量一个国家、民族、地区以及个人文明程度、道德水平高低的重要标志。

一、举止

举止是指人们的动作和表情，是通过人的肢体、器官的动作和表情来表达思想感情的语言符号，也叫人体语言或动作语言。人们在交谈中，一个眼神、一个表情、一个微笑的手势和体态都可以传递出丰富的含义，真可谓"此时无声胜有声"。

1. 站姿

站姿是茶馆服务人员最基本的举止，是静态的造型动作，显现的是静态的美。常言说"站如松"，就是说站立应该像松树那样挺拔。

规范的站姿应该是头正肩平，挺胸收腹，两眼平视，嘴微闭，面带微笑。女服务员站立时双脚呈"V"字形，双臂自然下垂或在体前交叉，如图5—1所示；男服务员站立时双脚略分开，分开的宽度不超过双肩，双手可交叉放在背后，如图5—2所示。

图5—1 女服务员站立姿势   **图5—2** 男服务员站立姿势

站立时双手不叉腰，不抱胸，不插口袋，身体不东倒西歪或倚靠他物，不与他人并立聊天。站着与顾客谈话时，要面向顾客，垂手自然，并保持1米左右的距离。在电梯门口要站在两翼或顾客的身后，在电梯内仍要保持姿态，不可放松。前面有顾客时，应站在顾客的身后50厘米外。面对顾客时，不能站在高于顾客的位置，如台阶上、物品上，以表示对顾客的尊重。

2. 行姿

行姿是一种动态的美，优雅稳健的行姿会给人以美的享受，产生感染力。反映出积极向上的精神状态。规范的行姿应该是头正，沉肩，双目平视，挺胸收腹，两臂自然弯曲，身体的重心略向前倾，低抬腿，轻落步，不出大响声，走路的轨迹要在一条直线上，行走时步幅适当，两脚落地的距离大约为一只脚的长度。步速平稳、均匀，一般情况下，每分钟走 120 步，平均每秒两步。

在狭窄地带，迎面有顾客走来时应缓步，或侧身避让。与领导或顾客同行至门前时，应主动让他们先行。行走时目光平视前方，用余光照顾两翼及上下。看到身后有顾客行速较快时应避让。如因工作需要必须超过顾客时要礼貌道歉。在行走时还应留意沿路的电灯和其他设施的状况，并随时清理行进路上的纸屑和杂物。

行走时姿态自然大方，男不晃膀，女不扭腰，两肩平齐，不摇头晃脑，不昂首过高，不吹口哨，不吃零食，不左顾右盼或斜视，不盯住两侧或上下某一点，不将手插进口袋或打响指，不与他人并膀拉手或勾肩搭背。不奔跑，不跳跃。女子步履轻盈、快捷、优美，男子步履坚定。在引领时，让顾客或领导走在自己的右边，遇到转弯或台阶处，应侧身配合手势做引导状，不宜走得过快或过慢，离顾客的距离一般在顾客前面二三步。

3. 坐姿

坐姿是非常重要的仪态。在日常工作和生活中，坐是一种静态的造型。对男性，更有"坐如钟"一说。端庄优美的坐姿会给人以文雅、稳重、大方的美感。规范的坐姿应该是挺胸收腹，沉肩，头部端正，目光平视前方或注视对方，手自然放在双膝上，双腿并拢。坐凳子或椅子时，应端坐于凳子、椅子的 2/3。女子入座时注意两膝不能分开，双脚要并拢，也可以将小腿交叉。坐宽大的沙发时，同样要靠外边坐，坐有扶手的椅子时，可把一只手轻搭在扶手上，另一只手放在腿上。入座时，若椅子不正需先将其摆正，从椅子左边入座，离座时，轻轻站起，左脚向左后方退一步，右脚并拢，将椅子轻轻移至原位。如坐姿方向与顾客不同，上身与脚要同时轻轻转向顾客。

注意：不得跷腿或双腿习惯性地抖动，不得将双腿向前伸直、露出鞋底，不东张西望，身体不歪斜，不双手抱胸或跷二郎腿、半躺半坐。女子入座时要娴雅，如果穿裙子，要用双手将裙子往前拢一下，顺势坐下，坐沙发时同样不可太靠里，否则小腿紧贴沙发边沿，有损雅观，不斜靠在沙发上，入座后尽量不调整座椅，避免拉椅或动作过猛引起响声。离座时，不推或拖椅子，座谈时身体不歪斜。

4. 行为举止

行为举止从某种意义上说，可以反映一个人的教育程度、修养水平，并能反映良好的素质和个人形象。

在平时服务工作中，做到说话声音要轻，走路脚步要轻，取放物品要轻，开门、关门不要用力过猛，尽可能保持茶馆环境的安静。在服务过程中，不得吸烟、吃零食、掏鼻孔、剔牙、挖耳朵、打喷嚏、打哈欠、抓头、抓痒、修指甲、伸懒腰，不交头接耳，对顾客不指手画脚，评头论足。不能有过分亲热的举动，更不能做有损国格、人格的事。在顾客面前，要正面面对顾客，垂手站立。不可与顾客拍拍打打，不用手指点顾客。在任何情况下不与顾客发生争吵或争执。遇到顾客激动时，要注意控制自己的情绪，避免与顾客发生冲突。如果顾客有不满情绪发泄，要多倾听，表现出诚意和关心，同情和愿意效劳的态度，并告诉顾客会尽快地解决或如实将顾客的意见转达到有关部门。

二、言谈

言谈是人们交往交流的一种最基本的方式，而且也对学习知识、增长才干起到十分重要的作用。在茶馆服务工作中，言谈是服务人员和顾客沟通及处理好关系的重要途径。

茶馆服务工作中，在称呼上应当谨慎，稍有差错便会贻笑于人。我国对称呼的使用十分讲究，不同的身份、不同的场合、不同的情况，在使用称谓时无不入幽探微，丝毫必辨。因此，恰当地使用称谓，也是对顾客的礼貌。称谓要表现尊敬、亲切和文雅，使双方感情融洽，缩短彼此间的距离。正确掌握和运用称谓，是服务工作中不可缺少的礼仪因素。

1. 常用的称呼语

对男宾可称"先生""某某先生"。对已婚女宾可称"夫人"或"太太"。对年纪轻的或未婚的女宾可称"小姐"。对年龄较大的妇女可称"女士"。

如果了解某顾客的身份，不论男女均可用职务称呼，如"张局长""赵经理"；对年龄较大的老人，可在姓后面加个"老"字，如"张老"。

注意：对老年人不能称呼"老太太""老头子"，对间接称呼语可用"一位女客人""这位男宾""您的先生""您的太太"等。过去传统的间接称呼语可在称呼前加"令"，如令堂、令郎、令尊等。对别人称自己的亲属时，前面加"家"，如家父、家母等。对别人称自己的平辈、晚辈亲属，前面加"敝""舍"或"小"，如敝兄或舍弟、小儿等。对自己谦称可加"愚"，如愚兄、愚友等。

2. 常用的礼貌用语

常用的礼貌用语见表 5—1。

表 5—1 常用的礼貌用语示例

常用的礼貌用语	示例
问候语	您好，早安，您早，下午好，晚安
告别语	再见，晚安，祝您愉快，祝您一路平安
应答语	不必客气，没关系，这是我应该做的。非常感谢，谢谢您的好意。好的，请稍候……
道歉语	请原谅，打扰了，失礼了，实在对不起，谢谢您的提醒，是我的错，对不起，请不要介意
欢迎语	欢迎光临，敬请惠顾，早上好，下午好
歉敬语	久仰大名，久违，拜访，拜见，告辞，拜辞，奉陪
相请语	请您喝茶，请用毛巾，请坐
征询语（句）	您贵姓；我能为您做些什么；您用什么茶；我没听清您的话，请您再说一遍好吗；如果您不介意，我可以……吗；您还有别的事吗
祝贺语	生日快乐，春节快乐，节日快乐，心想事成

3. 使用常用服务用语时必须注意的问题

当顾客进入茶馆或服务区域时，应目视顾客，由尊而卑，或从长辈、领导开始，按由近而远的程序，面带微笑表示欢迎或问候。

当顾客提出问题时，应做到有问必答，不含糊其词，不胡乱解释。不得使用否定语，如不行、不能、不会、没有等。而应该说我会尽可能……或说抱歉，我会在几点以前设法解决。对顾客提出的要求或要劝阻顾客的某些行为时，不能说"不能，不行，您必须"之类的话，而应该说"您可以……"，"您能……"。不讲粗话、流行的俗语，不说与服务无关的多余话。

谈话时要表达简单、明确，使用服务用语，不打听或诉说个人或他人的事。要注意七不问，即不问年龄、婚姻、收入、地位、经历、信仰、身体，在路上见面时不能问到哪去之类的话。

说话时要注意语调、语音和语速。说话不仅是沟通信息，同时也是交流感情。所以，一些复杂的情感往往会通过不同的语调和语速表达出来。明快、爽朗的语调会使人感到直率、大气的性格，而尖锐、刺耳、速度过快的语音、语速会使人产生急躁、不耐烦的情绪。另外，有气无力、过慢的语速会给人一种精神不振的感觉。因此，服务人员在与顾客交谈时，要掌握好语音、语调和节奏，给顾客带来一份和谐的交流气氛和良好的语言环境。

要诚意地倾听顾客的讲话，表情专注，不打断顾客的谈话，千万不能有漫不经心、心不在焉的动作出现，如不断地看手表、左顾右盼等。顾客与他人交谈时，不要趋前、旁听或露出旁听状。顾客谈话不插嘴、不参与。与顾客交谈时，要谦逊，不夸夸其谈，不卑不亢，不低三下四，目光要正视对方。直盯对方是无礼的，应正视对方的眼鼻三角区。上下打量更是一种轻蔑的挑衅的表示。在对方沉默不语时，不要看着对方，以免尴尬；当对方说错话或显得拘谨时，应马上转移视线，否则他会认为你是在讽刺和嘲笑他。

三、使用手势中需注意的问题

手势是人们交流的一种体态语言，手势美是一种动作美。得体的手势可增强表现力，在服务、工作和交流中起到锦上添花的作用。但手势不能使用过多，动作不宜过大，更不能手舞足蹈，要给人一种优雅、文质彬彬、有礼貌的感觉。如指路或引领时，手指自然并拢，手心略向上。运用手势时，切忌用手指来指去，因为这样含有教训人的态度，是很不礼貌的。

手势在各国的应用中存在较大的差异，应注意了解和适当运用。例如：做"O"形手势，在美国是"OK"；在日本是"钱"；在法国是"零"，表示没有；在巴西、俄罗斯、土耳其是骂人。做"V"形手势，在美、英等国表示胜利、成功；在中国表示"2"。伸大拇指，中国是夸奖；美国是搭车；澳大利亚、尼日利亚是骂人。叫人时，在美国唤服务员，食指向上伸直；在日本，把手臂向上伸，手掌朝下、摆动手指；在非洲敲打餐桌；在中东各国，轻轻拍手。

四、方位礼仪

在礼仪形式中，方位即前后左右、中间两侧等。这不仅是一个空间位置关系，而且有上下、主次之分。在现代礼仪中，方位礼仪已成为一种约定俗成的交际规范。在礼仪中占有非常重要的位置，如果稍不留意，就会失礼于人。

1. 我国的方位礼仪习俗

古人崇尚南，将朝南的位置作为至尊，这与我国古代讲究阴阳有关。我国地处北半球，以南为阳，以北为阴。古代的宫殿、庙宇都要面向正南。古代以坐北朝南为尊位，帝王的座位也面向南，所谓"面南称霸"，而臣民叩见皇帝自然要面向北方。

古人在崇尚南的同时，还崇尚东，把东视为上、为主、为首。这也与古人的阴阳图腾有关，日出东方为阳，为青龙；日落西方为阴，为白虎。后妃娘娘的寝宫中，正宫娘娘在东宫，东宫为正、为大；嫔妃娘娘在西宫，为偏、为次。

2. 国际礼仪中的方位礼仪习俗

国际礼仪中方位的上下、主次关系，既继承了我国古代礼仪，也学习借鉴了世界大多数国家礼仪中的方位观。

前后，前为上，后为下，上下级之间一般不并排行走。

左右，右为上，左为下。两人并行时，主人为表示对客人的尊敬，应该请客人走在自己的右侧。

中间和两侧，中间为上，两侧为下，两侧又以右为上，左为下。

3. 方位礼仪的运用

（1）会谈。使用长桌或椭圆桌，宾主分坐两边。正对门的一侧和右边一侧为上坐，留给客方，各方主谈人员应在自己一方居中而坐，而其他人员应遵从右高左低原则，依照职位高低，自近而远分别在主谈人员两侧就座，如图5—3所示。

另一种是按照女士优先的原则，一般应请女主人就座，而男主人则需退居第二主位。在

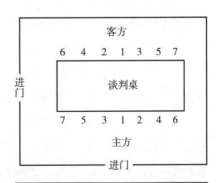

图5—3 长桌或椭圆桌位置安排（一）

排定座位时，应请男、女主宾分别紧靠着男主人和女主人的右侧，如图5—4所示。长桌中的尊卑位子是距离主位近的位子高于距离远的位子。

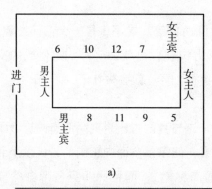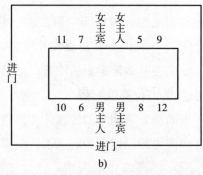

a)   b)

图5—4 长桌或椭圆桌位置安排（二）

（2）会议。国内大型会议主席台成员的座次排位应遵守三个原则：一是中央高于两侧；二是前排高于后排；三是左侧高于右侧。主持人的位置可居于前排最左侧，而发言席一般在右前方，如图5—5所示。

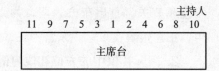

图5—5 主席台位置安排

（3）圆桌。正式场合一般都事先安排圆桌座次，以便参加宴会者入座时井然有序，同时也是对客人的一种礼貌；非正式场合不必提前安排座次，但通常就座也要有上下之分。安排座位时应考虑以下几点：一是以主人的位置为中心，第一主宾就座于主人右侧，第二主宾在主人左侧或第一主宾右侧，如有女主人参加，则以主人和女主人为中心，以靠近主人者为上，依次排列。二是要把主宾和主宾夫人安排在最主要的位置，如图5—6所示。即主人的右手是最主要的位置。离门最远的、面对着门的位置是上座，离门最近的、背对着门的位置是下座，上座的右边是

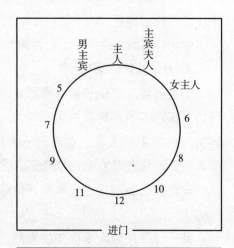

图5—6 圆桌位置安排

第二号位，左边是第三号位，以此类推。三是在遵从礼宾次序的前提下，尽可能使相邻者便于交谈。四是主人方面的陪客应尽可能插在客人之间，以便与客人交谈，避免自己的人坐在一起。

第 3 节　仪表仪容

仪表仪容，包括人的容貌、身材、姿态、修饰等。其中，容貌、身材、修饰和服饰是静态因素。姿态是仪表的动态因素，仪表仪容是形象美丽的外部特征。好的仪表仪容会产生形象魅力，使人感到愉悦，产生吸引力，赢得对方的好感，茶馆服务人员的仪表仪容会给顾客造成深刻的第一印象，对做好茶馆的服务工作至关重要。

一、面容

面容是人的最重要的形象特征，特别是女性，面容和身材是决定女性仪表美的关键因素。经常做适当的户外活动，保持良好的心情，有充足的睡眠，合理饮食和科学的面部护理，持之以恒，就可以使自己的形象充满健康的活力。

女员工上岗前必须化淡妆，饭后要及时补妆，头发不留怪异发型，发过肩要束起，不染黑色以外颜色的头发，如图 5—7 所示。男员工不留长发，发脚不盖耳部及衣领为宜，不留胡须、大鬓角。

化妆不可浓妆艳抹，不当着客人的面化妆，严禁使用香味过浓的香水，并保持面部的清洁，头发务必梳理整齐、不可蓬乱，经常洗头发，无

图 5—7　女员工仪容仪表

头屑，刘海不过眉。

二、服饰

服饰是人体仪表的外延，其功能除了御寒和遮羞，还起到了装饰、美化的作用。有人说，服装是一种无形的语言，它展示着一个人的身份、涵养、个性爱好、审美情趣、心理状态等多种信息。茶馆服务人员的服饰，也能体现茶馆的层次和形象。

服务人员的工作服要遵循统一、美观、易识别、实用的原则。在着装方面要注意：严格按照规定着装，不卷衣袖、裤脚，随时保持工作服的整洁。领带、领结不歪斜，不敞胸露怀，工作号牌戴在左胸前指定位置。男士穿深色的短裤，穿黑色的皮鞋或布鞋，女士穿肉色长丝袜，不得露出袜口，无破洞、脱丝，鞋子要清洁不钉鞋钉，不佩戴任何饰物，身上挂的钥匙不得外露，工作时不随身带有手机等。

第4节 接待工作

茶馆服务人员接待顾客的过程是服务人员直接和顾客接触和提供服务的过程。应该说，整个接待过程的每一道流程都有一定的具体要求，服务人员必须一丝不苟地遵守每个流程中的要求，以确保茶馆的整体服务质量。

一、市前准备

保持茶馆厅堂整洁，环境舒适，桌椅整齐。做到地面无垃圾，桌面无油腻、水渍，门窗无积灰，厕所无异味、无污垢，如图5—8所示。检查灯具及各种设备是否完好。备好开水、茶具、茶叶及其他用具，茶具、水壶要清洁光亮、无破损，茶叶要准备充足并分装好，托盘、抹布要干净、卫生。准备好开单本、笔及各种票据。由厅堂领班检查服务员的仪表仪容。

图5—8 厅堂整洁

二、迎宾入门

迎宾员是茶馆的门面，主要工作是迎接顾客入门，其工作质量、效果将直接影响到茶馆的营运状况和服务水准。

迎宾员应站在茶馆进口处，微笑迎客，使用礼貌用语表示欢迎，迎宾入门。询问用茶人数、预订等情况，指引顾客到达指定位置。如座位客满，向顾客诚恳解释，有座位立即做安排。如逢雨天应为顾客准备伞套或负责存放各类雨具。如顾客随身携带较多物品或行走有困难的，应征询顾客意见并给予帮助。耐心解答顾客有关茶品、茶点以及服务、设施等方面的询问。婉言谢绝非用茶顾客及衣着不整者入茶馆。微笑送别顾客，与顾客道别。

三、服务过程

顾客进入茶馆后，服务员应目光注视，热情招呼。根据顾客需要安排相应的座位，并拉椅请顾客坐下，主动协助放好携带的包和物品。安排座位时，首先安排年老体弱者在进出较方便处。如在正式场合，在了解顾客的身份后，主桌的安排应将主宾安排在主人的右面。顾客入座后，送上毛巾，递上茶单，由右侧双手呈给顾客，并根据顾客需要介绍茶品。根据顾客所点的茶点，做好记录，最后重复确认一遍。

1. 上茶服务

（1）托盘上茶。上茶时左手托盘，端平拿稳，右手在前护盘，脚步小而稳，走到顾客座位右边时，茶盘的位置在顾客的身后，右脚向前一步；然后，右手从托盘中一一拿出所需茶具、茶叶。玻璃杯端杯子中端，盖碗杯端杯托，茶壶握壶柄。从主客开始，按顺时针方向，将杯子或茶壶轻轻地放在距桌沿5厘米距离的顾客的正前方，茶壶的壶柄应在顾客的右边，茶盅对着壶嘴，在顾客的左边。然后，将茶叶放入杯子或壶中，并报上茶名。服务员选择一个合适的固定位置，用水壶将每杯茶先浸润或冲至七分满。先浸润的茶，在浸润后，先请客人闻茶香，冲泡完成后，对客人说"请用茶"，如图5—9所示。

（2）端盘上茶。上茶时双手端盘（见图5—10），服务员选择一个合适的位置，将茶盘端上桌，在茶盘上进行置茶、浸润或冲泡。操作过程中，可边操作边解说，再把浸润好的茶请顾客闻茶香，然后再冲泡，冲泡完成后，对顾客说"请用茶"。

图5—9 托盘服务

图5—10 端盘服务

2. 市中服务

顾客用茶时，服务员应随时注意顾客有哪些即时需要服务，如图 5—11 所示。当杯中的水量在二分之一时，就应及时添水。如顾客桌面上有热水瓶或电热注水器，应随时保持这些器皿中有充足的开水。要保持桌面清洁，及时擦去桌面上的水渍，果壳盆要勤调换、勤清洗。用茶中客人有特殊要求时，应尽量给予满足，做到有求必应，有问必答，态度和蔼，语言亲切，服务周到，一切服务在顾客开口之前。

图 5—11 市中服务

3. 结账服务

顾客用茶完毕结账前，服务员应做好账单的核对确认工作，以随时配合顾客结账的要求。当顾客要求结账时，服务员应到客人面前将账单本双手呈给买单顾客，并打开账单让顾客看清消费金额。要注意的是：不能当着顾客的面大声报出消费金额。结账时，先询问是现金还是使用银行卡付款，如现金付款则将现金夹在账单本内，并说"谢谢！"到收银台付款后，如有找零，将零钱和账单夹在账单本内交给顾客并再次致谢。如银行卡付款则对顾客说："对不起，请您和我一起到收银台去输一下密码好吗？"如有移动 POS 机，就直接把 POS 机拿到顾客面前完成刷卡，并再次表示感谢。如遇顾客在买单时给小费，可以按店里规定婉言谢绝或礼貌收下，并道声"谢谢"！

4. 送客服务

当顾客用茶完毕起身离座时，服务员应轻轻拉开椅子并说"谢谢光临，欢迎再次光临，请走好，请慢走，再见"等礼貌用语，并提醒顾客不要忘记所带物品。送客时应让顾客走在前，自己走在顾客后面，并主动拉门道别，再次表示感谢。

顾客走后，收拾茶具，擦清台面，清洁地面，凳椅按原位摆放整齐，整理各种服务用具，准备迎接下一批顾客到来。

思考题

1. 茶馆服务的基本特征和特点是什么？
2. 在平时服务工作中的行为举止有哪些要求？
3. 茶馆服务人员上岗时在服饰穿着时有什么要求？
4. 请说出上茶服务的整个过程。